Name:

Datum

Sternbilder-Rätsel

12

Kleiner

Lieblingssternbild

Infozettel zum Ausschneiden

höchster Stand am:	
kann man am Himmel sehen im:	

höchster Stand am:	
kann man am Himmel sehen im:	

höchster Stand am:	
kann man am Himmel sehen im:	

höchster Stand am:	
kann man am Himmel sehen im:	

höchster Stand am:	
kann man am Himmel sehen im:	

höchster Stand am:	
kann man am Himmel sehen im:	

höchster Stand am:	
kann man am Himmel sehen im:	

höchster Stand am:	
kann man am Himmel sehen im:	

höchster Stand am:	
kann man am Himmel sehen im:	

höchster Stand am:	
kann man am Himmel sehen im:	

Name:

Datum:

Lesen, malen und schreiben

11

Der Astronom beobachtet mit seinem Fernglas
den Sternenhimmel. Auf seinem Tisch liegen viele Papiere.
Darauf hat er seine Beobachtungen eingezeichnet.
An den Wänden hängen Bilder von Sternen und Planeten.
Auch das Gemälde von einem wichtigen Astronomen
hängt daneben. Sein Name ist Galileo Galilei.

Name:

Datum:

Lesen, malen und schreiben

11

Der Mann hat ein Fernrohr.
Damit schaut er in den Himmel.
Auf seinem Tisch liegen Papiere.
Darauf zeichnet er die Sterne.

Name:

Datum:

Sterne verbinden

14

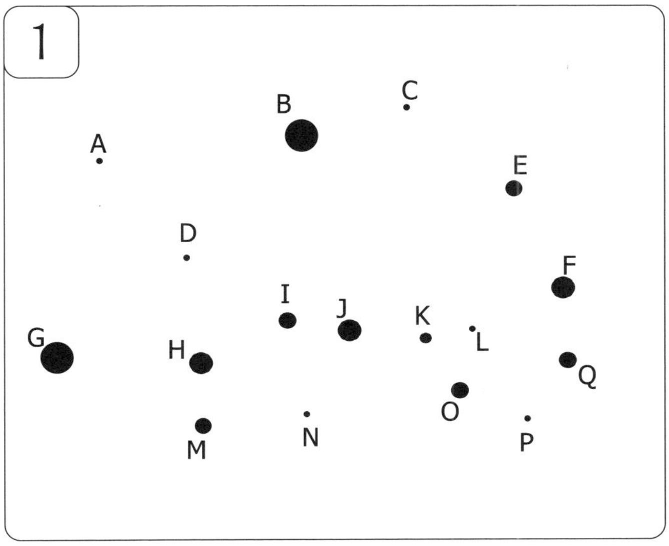

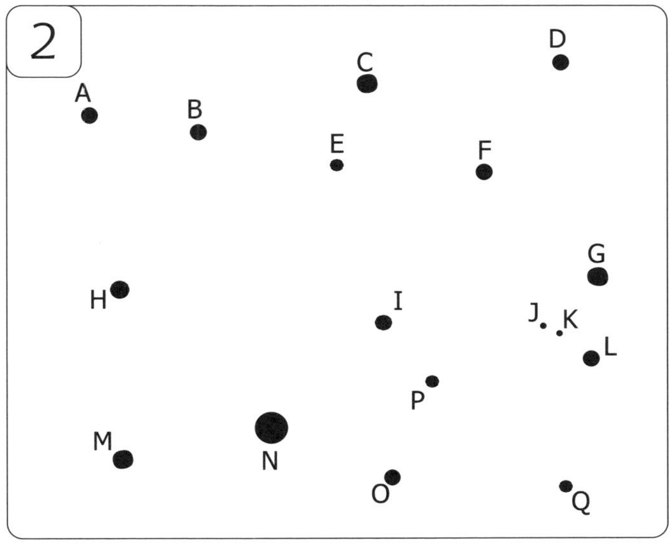

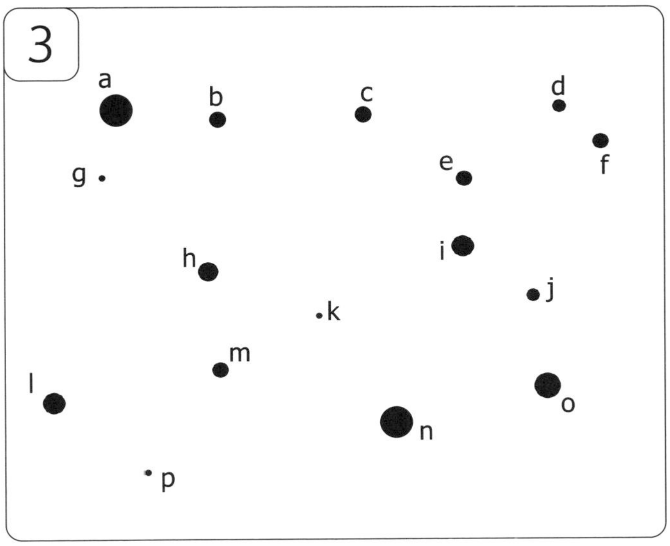

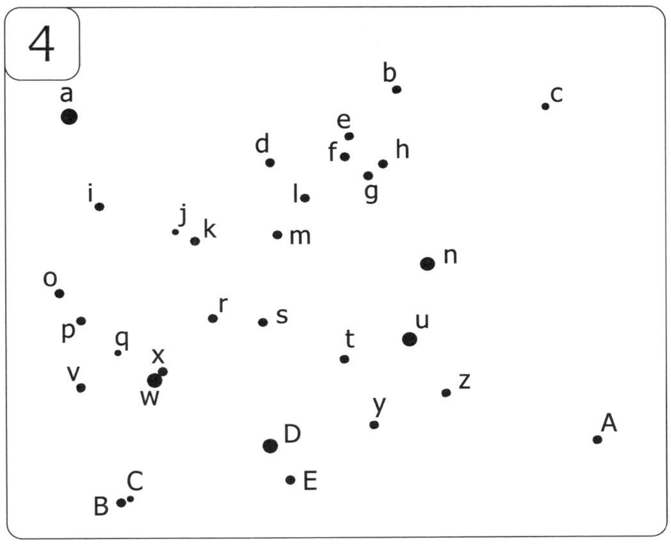

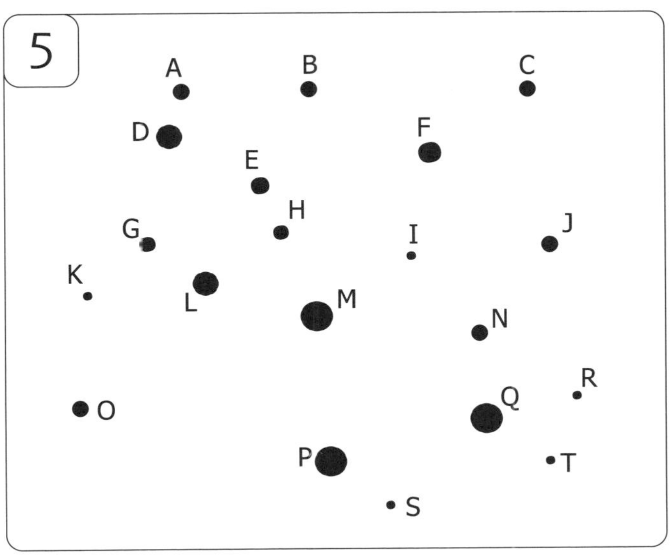

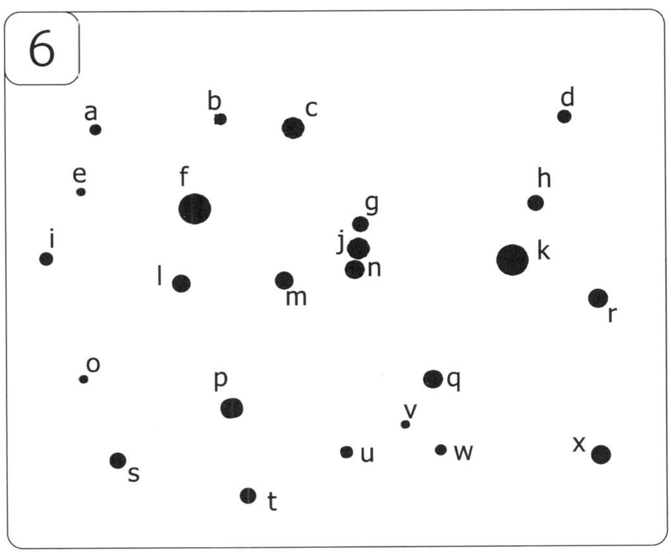

Sterne verbinden

Anweisungsblatt

1

$\overline{HI}$ $\overline{IJ}$

$\overline{JK}$ $\overline{KO}$

$\overline{OQ}$ $\overline{QF}$

$\overline{KF}$

2

$\overline{QP}$ $\overline{PI}$

$\overline{IE}$ $\overline{HI}$

3

$\overline{lh}$ $\overline{lm}$

$\overline{mo}$ $\overline{hm}$

$\overline{oj}$ $\overline{ij}$

$\overline{ie}$ $\overline{ed}$

$\overline{df}$

4

$\overline{ij}$ $\overline{jk}$ $\overline{kr}$

$\overline{wx}$ $\overline{ms}$ $\overline{sD}$

$\overline{BC}$ $\overline{qw}$ $\overline{xr}$

$\overline{rs}$ $\overline{hg}$ $\overline{op}$

$\overline{pq}$ $\overline{gf}$ $\overline{fl}$

$\overline{lm}$ $\overline{DE}$ $\overline{CD}$

5

$\overline{DL}$ $\overline{ML}$

$\overline{MP}$ $\overline{PQ}$

6

$\overline{bc}$ $\overline{fb}$

$\overline{cg}$ $\overline{kg}$

$\overline{gj}$ $\overline{nj}$

$\overline{qk}$ $\overline{qn}$

$\overline{fn}$

Werkstattunterricht

Die Sterne

Bernd Jockweg, Dagmar Rottig
Illustrationen: Anne Wöstheinrich

SCHUBI

Autoren: Bernd Jockweg, Dagmar Rottig, Münster (D)

Beraterteam Deutschland: Maria Charlotte Arndt, Bettina Bertram, Maria Holtappels, Ruth Mersmann, Andreas Scholten, Ulrike Tönnißen, Christa Wiens

Beraterteám Schweiz und Redaktion:
Cornelia Hausherr, Winterthur
Susan Edthofer, Engelburg
Ursula Gnädinger, Schaffhausen

Illustrationen: Anne Wöstheinrich, Münster (D)
Grafische Gestaltung: Albert Bartel, Münster (D)

CH-8207 Schaffhausen

service@schubi.com
www.schubi.com

2. Auflage 2009

ISBN 978-3-86723-014-8

No 114 23

Vorwort des Autors

Wie unterrichtet man in einer Klasse, in der Kinder lernen, die bei der Einschulung schon Entwicklungsunterschiede von bis zu drei Jahren aufweisen? Wie geht man mit einer Klasse um, in der neben Kindern, die schon lesend in die Schule kommen, Kinder sitzen, die in ihrem Leben noch nie Erfahrungen mit Schriftsprache gemacht haben, weil zu Hause niemand liest oder schreibt?

Zu diesen Fragen kam an unserer Schule die Einführung des jahrgangsübergreifenden Unterrichts. Dadurch erweiterte sich die Spanne von unterschiedlichen Lernerfahrungen noch ein wenig mehr. Gleichschrittige Unterrichtswerke, die von einem „Durchschnittskind" ausgehen, waren hier endgültig keine Lösung mehr.

Alternative Unterrichtsformen waren gefordert, aber es fehlten bisher gerade für den Anfangsunterricht praktikable Unterrichtsmaterialien, die auf die unterschiedlichen Lernerfahrungen der Kinder, aber auch der Lehrerinnen und Lehrer Rücksicht nehmen.

So ist ein Konzept entstanden, das sowohl in jahrgangsübergreifenden Eingangsklassen 1/2 als auch in Jahrgangsklassen (1. oder 2. Schuljahr) erfolgreich eingesetzt wurde. Als einen Baustein dieses Konzeptes halten Sie eine Werkstatt in den Händen, die so aufgebaut ist, dass sie Angebote bietet für eine ganze Bandbreite von Kindern in ihrem ersten und zweiten Lernjahr: ob die Kinder erst am Anfang ihres Lernprozesses stehen oder ob sie schon vielfältige Erfahrungen gemacht haben, möglicherweise schon lesen und schreiben können.

Ich wünsche Ihnen und Ihrer Klasse mit der vorliegenden Werkstatt viel Vergnügen.

PS: Aus Gründen der Lesbarkeit und um nicht überall „die Lehrerin/der Lehrer" schreiben zu müssen, wird im Text nur die weibliche Form verwendet in der Hoffnung, dass sich die männlichen Kollegen genauso angesprochen fühlen.

Inhalt

Arbeitsblätter

Kontrolle und Zusätze

Anhänge und Extras

Themenübersicht aller Werkstätten

Titel	Möglicher Zeitraum
In der Schule (No 114 20)	Schulanfang (August)
Ich und meine Familie (No 114 30)	Schulanfang (August)
Auf dem Bauernhof (No 114 21)	September/Oktober
Der Apfel (No 114 31)	September/Oktober
Im Herbst – Der Igel (No 114 22)	Oktober/November
Unsere Umwelt (No 114 32)	Oktober/November
Die Sterne (No 114 23)	Dezember
Weihnachten (No 114 33)	Dezember
Märchen (No 114 24)	Januar/Februar
Licht und Schatten (No 114 34)	Januar/Februar
Magnetismus (No 114 25)	Februar/März
Kunst – Niki de Saint Phalle (No 114 35)	Februar/März
Bauen und konstruieren (No 114 26)	März/April
Meine Sinne (No 114 36)	März/April
Im Frühling (No 114 27)	April/Mai
Gesunde Ernährung (No 114 37)	April/Mai
Rund ums Rad (No 114 28)	Mai/Juni
Computer und Co. (No 114 38)	Mai/Juni
Wasser (No 114 29)	Juni/Juli
Im Zoo (No 114 39)	Juni/Juli

Lehrerkommentar

Grundsätzliches zum Werkstattunterricht

Methodische Überlegungen

Das Konzept des Werkstattunterrichts ist keine neue Erfindung. Schon seit langem lernen Kinder erfolgreich mit dieser Unterrichtsform: Wie in einer „richtigen" Werkstatt arbeiten die Kinder an verschiedenen Aufgaben, aber an einem Thema. Dabei gibt es Aufträge, die von einzelnen Kindern bearbeitet werden und andere, die nur von Gruppen erfolgreich bewältigt werden können. Kinder übernehmen Verantwortung für bestimmte Bereiche, werden hier Experten und sind anderen behilflich. In anderen Bereichen nehmen sie die Hilfe von anderen Kindern an.

Rolle der Lehrerin

Die Rolle der Lehrerin ist im Werkstattunterricht eine gänzlich andere als beim traditionellen lehrerzentrierten Unterricht: Sie ist Beraterin, Organisatorin der Lernprozesse, unterstützt Kinder, die noch Schwierigkeiten haben, ihren eigenen Lernweg zu steuern.

Lernanfänger und Rechtschreibung

Für die Bearbeitung der Aufgaben durch die Lernanfänger ist das Konzept „Lesen durch Schreiben" von Dr. Jürgen Reichen sinnvoll: Die Kinder notieren ihre Ergebnisse zunächst lautgetreu und werden im Laufe ihrer Schreibentwicklung nach und nach ihre rechtschriftlichen Fähigkeiten erweitern. Daher können sowohl Lehrerinnen als auch Eltern natürlich von Erstklässlern noch nicht erwarten, dass ihre Arbeitsergebnisse rechtschriftlich der Dudennorm entsprechen. Dies ist besonders wichtig zu betonen, falls Arbeiten als Hausaufgaben bearbeitet werden.

Elternarbeit

Wenn jemand das erste Mal mit einer Werkstatt arbeitet, kann auch ein Elternabend zu diesem Thema wichtig sein. Es kann zum Beispiel eine vorbereitete Werkstatt präsentiert werden, damit die Eltern sich einen Überblick über die verschiedenen Übungsformate und -inhalte verschaffen können. Wenn die Eltern wissen, dass in einer „Werkstatt" nicht nur mit Hammer und Säge gebastelt wird, stehen sie der Öffnung des Unterrichts in der Regel erheblich aufgeschlossener gegenüber. Bei einer rechtzeitigen Bekanntgabe der verschiedenen Werkstattthemen für das kommende Schuljahr finden sich oft auch Eltern, die durch den Beruf Beiträge zum Thema leisen können.

Arbeitsweise, Einführung und Abschluss

Während einer Werkstatt wird es verschiedene Arbeitsphasen mit verschiedenen Sozialformen geben: Einzel-, Partner- oder Gruppenarbeiten zum Thema der Werkstatt. Nicht zu unterschätzen sind aber auch gemeinsame Phasen mit allen Kindern im Sitzkreis, in „Kinoreihen" vor der Tafel oder auch in Kleingruppen. Zur Einführung des Themas bietet sich immer ein Gespräch mit den Kindern im Sitzkreis an, in dem das Thema abgesteckt wird. Dies kann zum Beispiel mit einem Cluster oder Brainstorming geschehen.

Gerade am Anfang ist es sinnvoll, den Kindern nicht alle Aufgaben auf einmal zur Verfügung zu stellen. Für den Start sollten Aufgaben mit verschiedenem Schwierigkeitsgrad eingeführt sein, damit alle Kinder befriedigende Ergebnisse erbringen können.

Jede Gelegenheit, über das Thema zu sprechen, sollte genutzt werden:

- Einführung einer neuen Aufgabe.
- Zu Beginn der Werkstattarbeit kann gemeinsam besprochen werden, welche Aufgaben sich die Kinder für diesen Tag vorgenommen haben.
- In einer Reflexion am Ende des Tages kann über die geleistete Arbeit nachgedacht und ein besonderes Ergebnis entsprechend gewürdigt werden.

Es ist schön, wenn eine Werkstatt ganz zum Schluss mit einem kleinen besonderen Ereignis beendet werden kann. Zum Beispiel mit einem Abschlussfest, zu dem eine andere Schulklasse oder die Eltern eingeladen werden, einer Präsentation von Ergebnissen im Klassenverband oder einer feierlichen Übergabe der Werkstattbücher.

Aufbewahrung

Wie die Werkstatt aufbereitet und den Kindern angeboten wird, hängt vom Platzangebot in der Klasse ab. Eine relativ platzsparende Möglichkeit sind stapelbare Ablagekästen. 20 durchnummerierte Kästen enthalten die 20 Aufgaben der Werkstatt mit ihren jeweiligen Aufgabenkarten. Daneben sollten noch drei weitere Kästen die linierten und unlinierten Schmuckblätter sowie die kleinen Themenhefte (s. S. 68–70) enthalten.

Umgang mit den Arbeitsergebnissen

Auch hier bieten sich mehrere Möglichkeiten an, die verschiedene Vor- und Nachteile haben, letztlich aber vor allem eine Frage des persönlichen Geschmacks sind:

- eine Werkstattmappe, in der alle Arbeitsergebnisse abgeheftet werden. Für kleinere Ergebnisse, die nicht gelocht werden können, empfiehlt es sich, in jeder Mappe eine Klarsichthülle einzuheften,
- ein Hängeregister, in das die Arbeitsergebnisse gesteckt werden,
- eine gemeinsame Kiste, in welche die Kinder ihre mit Namen versehenen Arbeitsergebnisse legen; die Lehrerin sortiert und bewahrt die Ergebnisse dann bis zum Ende der Werkstatt auf.

In allen Fällen sollten die Arbeiten der Kinder zum Abschluss der Werkstatt entsprechend gewürdigt werden.

Organisatorische Hinweise zu dieser Werkstattreihe

Werkstattreihe mit 20 Themen

Die vorliegende Unterrichtseinheit gehört zu einer Reihe von 20 sachkundlich orientierten Werkstätten.

Aufbau

Jede der 20 Werkstätten aus dieser Reihe ist ähnlich aufgebaut und enthält ein übersichtliches Materialangebot, das es den Kindern in Ihrer Klasse erlaubt, sich selbstgesteuert mit dem Thema auseinander zu setzen. So finden sich die Kinder mit jeder durchgeführten Werkstatt besser mit den Materialien zurecht, können auf Erfahrungen zurückgreifen und werden immer selbstständiger damit arbeiten können. Die meisten Materialien sind als Kopiervorlagen angelegt, für Spiele oder Ähnliches sind im hinteren Teil jeder Werkstatt einige farbige Bögen dabei.

Auftragskarten

Die Auftragskarten sollten auf (farbigen) Karton kopiert werden und enthalten eine ausführliche Anleitung für die jeweilige Aufgabe bzw. das Arbeitsblatt. Der Textumfang wird für die meisten Kinder im 1. oder 2. Schuljahr zu schwierig sein. Sie sind auch eher für eine gemeinsame Besprechung im Sitzkreis gedacht, bei der die Lehrerin den Text vorliest und gemeinsam mit den Kindern bespricht. Wer Auftragskarten bevorzugt, die mit wenigen Symbolen auskommen, kann die leeren Kopiervorlagen benutzen, um Aufträge nach eigenen Bedürfnissen zu gestalten.

Unten auf der Karte wird das Helferkind (der „Chef") eingetragen, das für diese Aufgabe die Verantwortung übernimmt. Es hilft, wenn andere Kinder nicht mehr weiterkommen, achtet darauf, dass die Materialien in einem ordentlichen und vollständigen Zustand bleiben und kontrolliert das Ergebnis bei seinen Mitschülerinnen und Mitschülern. Gerade der letzte Punkt verlangt von der Lehrerin Zurückhaltung, bringt aber einen großen Gewinn im Bereich Verantwortungsbewusstsein.

Aufgaben und Arbeitsblätter

20 Aufgaben ermöglichen einen breit gefächerten Zugang zum Thema dieser Werkstatt. Die Auswahl der Aufgaben ist dabei immer möglichst fächerübergreifend angelegt, neben sachunterrichtlichen Aspekten finden sich auch Aufgaben aus den Bereichen Lesen, Schreiben, Rechnen, Wahrnehmung, Konzentration und Feinmotorik. Soweit es sich anbot, wurden Differenzierungsmöglichkeiten innerhalb eines Arbeitsblattes angelegt. Direkte Hinweise dazu finden Sie bei den „Erläuterungen zu den Arbeitsaufträgen" ab Seite 14.

Manche Aufgaben sind nur für Kinder geeignet, die schon lesen können, manche sind eher für Kinder gedacht, die noch große Schwierigkeiten mit dem Lesen haben. In der Regel sind die Kinder in der Lage, sich die Aufgaben herauszusuchen, die für sie richtig und wichtig sind. In manchen Fällen benötigen sie bei der Auswahl aber auch die Unterstützung der Lehrerin.

Dauer und Aufgabenmenge

Wie viele Aufgaben die Kinder in einem bestimmten Zeitraum bearbeiten können, ist sehr unterschiedlich und hängt in erster Linie von der Leistungsfähigkeit der Klasse und des einzelnen Kindes sowie vom zeitlichen Umfang der Werkstattarbeit ab. In der Regel sollten aber die meisten Kinder in der Lage sein, mindestens zwei Aufgaben pro Woche selbstständig zu erledigen. Bei der Dauer von drei bis vier Wochen einer Werkstatt sollte also jedes Kind ungefähr ein Drittel der Werkstattaufgaben oder mehr bearbeitet haben.

Schmuckblätter

Die Kopiervorlagen für linierte und unlinierte Schmuckblätter können bei verschiedenen Gelegenheiten eingesetzt werden. Kinder können sie nutzen, um Lösungen für Aufgaben zu notieren, zu denen es kein Arbeitsblatt gibt, oder wenn sie Bilder und Texte zum Werkstattthema anfertigen möchten.

Themenhefte

Dieses Blatt kann auf festeres, evtl. farbiges Papier (Kopierkarton) kopiert werden. Mit 2–3 leeren Blättern wird es dann zu einem kleinen Heft zusammengeheftet. Die Kinder können danach die Umrisslinie ausschneiden und erhalten ihr persönliches Themenheft zur Werkstatt, in das sie eigene Geschichten schreiben, Notizen machen oder worin sie Dinge sammeln können, die zum Thema gehören. Mit seinem praktischen Format passt das Themenheft in jede Hosentasche. So können die Kinder auch unterwegs, zu Hause und in ihrer Freizeit Beiträge zur Werkstatt sammeln.

Werkstattpass

Auf diesem Blatt malen die Kinder die Aufgaben an, die sie bereits erfolgreich bearbeitet haben. Es dient sowohl den Kindern als auch der Lehrerin als Übersicht. Falls gewünscht, können hier auch (individuelle) Pflichtaufgaben markiert werden. Ebenso kann mit den Aufgaben verfahren werden, für welche die Kinder als Helferkind eingesetzt wurden.

Lehrerkontrolle

Bei Bedarf können hier die Aufgaben notiert werden, welche die Kinder erledigt haben. Werden dabei Symbole (wie +, o, - etc.) verwendet, entsteht auf einfache Art ein Überblick, wie die Kinder mit der Werkstatt gearbeitet haben.

Inhaltliche Hinweise zur Werkstatt „Die Sterne“

Schwerpunkt

Sterne sind gerade in der dunklen Jahreszeit und insbesondere in der Adventszeit ein unübersehbares Element in der Lebenswelt der Kinder. Neben der dekorativen Beschäftigung mit dem Thema soll diese Werkstatt aber auch zu einer ersten Auseinandersetzung mit dem Sachthema Sterne anregen. Dabei bieten sich Sternbilder für die Betrachtung des Sternenhimmels besonders an. Schon immer halfen sich die Menschen so, den Sternenhimmel mit seiner Fülle an Lichtern zu „ordnen“. Am Rande wird auch das Thema „Sternzeichen“ angeschnitten, da Kinder über ihr eigenes Sternzeichen teilweise schon eine Beziehung zu Sternbildern haben.

Hinweis

Die Kinder sollten kindgerechtes Anschauungsmaterial über das Werkstattangebot hinaus zur Verfügung haben. Besonders eignet sich eine Sternenkarte, die den Kindern den aktuellen Sternenhimmel zeigt. So kann den Kindern klar werden, dass zu den verschiedenen Jahreszeiten unterschiedliche Sternbilder zu sehen sind, s. S. 12 „Weitere Materialien“.

Lernziele

Die Kinder setzen sich sowohl mit der wissenschaftlichen als auch mit der fantastischen Seite des Sternenhimmels auseinander.

Die Kinder lernen verschiedene Sternbilder des nördlichen Sternenhimmels kennen und können einzelne wiedererkennen.

Die Kinder erfahren, dass Sterne Sonnen sind.

Die Kinder lernen den Polarstern kennen und können ihn am nächtlichen Himmel finden.

Lehrplanbezüge

Folgende Bereiche des Faches Sachunterricht werden von verschiedenen Aufgaben der Werkstatt und durch den begleitenden gemeinsamen Unterricht angeschnitten:

- Zeit und Kultur
  - Zeiteinteilung und Zeitablauf, früher und heute
    (Zeit messen, Zeiträume unterscheiden und Zeit einteilen; Ereignisse im Jahreslauf kennenlernen);
  - Viele Kulturen in einer Welt
    (Sitten, Gebräuche und Sprachen unterschiedlicher Nationalitäten und Ethnien kennenlernen und akzeptieren)

Möglicher Zeitraum

Für die Bearbeitung dieser Werkstatt bieten sich die Wintermonate an. Da es in dieser Zeit besonders lange dunkel ist, wird die Beobachtung der Sterne auch zu „kindgemäßen“ Zeiten möglich. Speziell eignet sich auch die Adventszeit, da Sterne in der christlichen Mythologie eine wichtige Rolle einnehmen.

Vorschläge für den gemeinsamen Unterricht

- Besuch eines Planetariums oder einer Sternwarte, beide Einrichtungen bieten in der Regel spezielle Programme für Kinder an.
- Lesenacht mit einer Nachtwanderung.
- Das Märchen „Die Sterntaler“ der Gebrüder Grimm eignet sich gut für eine Gestaltung mit den Kindern, beispielsweise als Schattentheater mit klanglicher Untermalung.
- Gemeinschaftsaufgabe:

  Die Sterne aus Aufgabe 5 können auf einem dunkelblauen Hintergrund gemeinsam aufgeklebt und zu einem außergewöhnlichen Sternenbild gestaltet werden.

Inhaltliche Hinweise zur Werkstatt „Die Sterne“

Fächerübergreifende Vorschläge

- Musik
  - Lied: „Wer hat die schönsten Schäfchen“, siehe Anhänge und Extras, S. 72.
  - Volkslied: „Weißt du, wie viel Sternlein stehen“.
  - Lied: „Zwei kleine Wölfe“, zu finden in „Unser Liederbuch Mikado, 1.–4. Schuljahr, Ernst Klett Grundschulverlag GmbH, Leipzig 1999.
- Kunst
  - Bildbetrachtung „Die Sternennacht“ von Vincent van Gogh. Die Kinder überlegen sich zuerst: Was hat der Maler gemalt? Warum hat er es wohl so gemalt? Man kann mit den Kindern auch über den Maler Vincent van Gogh sprechen, der unter schweren Depressionen litt und sich schließlich nicht nur selbst verstümmelte, sondern sich auch das Leben nahm. Das Bild „Sternennacht“ malte er während eines Aufenthaltes in der Nervenheilanstalt Saint-Paul-de-Mausole.

    Das Bild kann von den Kindern zum Beispiel mit „Zauberkreide“ nachempfunden werden. Zur Herstellung von „Zauberkreide“ werden normale farbige Tafelkreiden für 20 Minuten in Zuckerwasser eingelegt, auf einen Liter Wasser kommen rund 4 Esslöffel Zucker. Die Kreide kann nach Gebrauch getrocknet und bei anderer Gelegenheit erneut als Zauberkreide eingelegt werden: für die Tafel ist sie allerdings nicht mehr zu gebrauchen! Mit der Zauberkreide malen die Kinder auf ein dunkles – in diesem Fall blaues – Tonpapier. Sie versuchen, die Bewegung auf dem Gemälde nachzuahmen, auf die Landschaft kann man verzichten.
  - Fantasieplaneten: Aus Zeitungspapier, Kleister, Farbe und anderen Materialien Fantasieplaneten herstellen und im Klassenraum damit einen Planetenhimmel gestalten.
- Religion
  - Der Stern von Bethlehem.
  - Die Heiligen Drei Könige, sie waren Sterndeuter.
- Sport

  Training für Astronauten:
  - Kriechtunnel: Einstieg ins Raumschiff üben.
  - Konditionstraining mit Sprungseil.
  - Verträglichkeitstest: Einen Tennisball zwischen die Stirne zweier Astronauten klemmen, damit umhergehen, sich hinknien und wieder aufstehen. Das Resultat zeigt, ob zwei Astronauten über einen längeren Zeitraum auf engem Raum zusammen arbeiten und leben können.
  - Fortbewegung auf einem unerforschten Planeten (drei Bierdeckel pro Spieler):
    Die Kinder dürfen nur auf den Deckeln stehen. Zur Fortbewegung legen sie den jeweils freien Deckel vor sich hin, treten mit einem Fuß darauf und nehmen den frei werdenden Deckel wieder auf.
  - Geräteüberwachung: Ein Trainer tippt sechs Ziffern in einen Taschenrechner ein und zeigt sie den Astronauten. Nun führen die Astronauten zehn Bewegungsübungen aus, z. B. zehn Hampelmänner, Liegestütze, Kniebeugen. Wer kann danach die sechs Ziffern dem Trainer ins Ohr flüstern?
  - Reparatur: Die Kinder liegen auf Bänken und versuchen Schrauben und Muttern, die unter der Bank liegen, zusammenzudrehen.

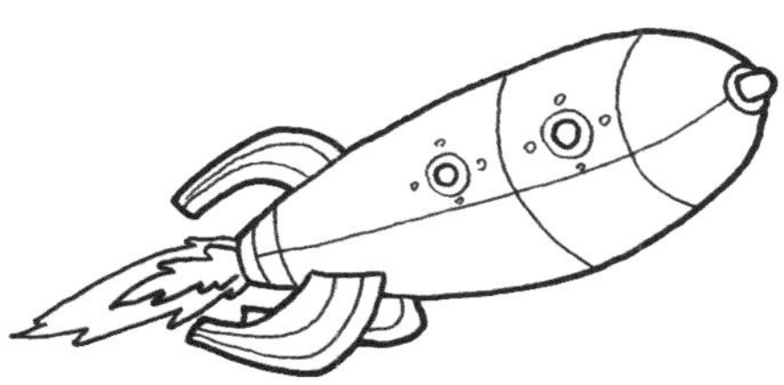

Inhaltliche Hinweise zur Werkstatt „Die Sterne“

Internet-Tipps

www.deepsky.astronomie.info/
Infos über astronomische Phänomene

www.astronomie.de/
Mit Abteilung „Astro-Kids“

www.blinde-kuh.de/weltall/
Website für Kinder über das Sonnensystem, weniger über Sternbilder

www.sternpate.de
Ausführliche Infos über Sternbilder mit schönen Zeichnungen

www.verkehrshaus.ch
Großes Planetarium: Die Himmelsbewegungen von dreieinhalb Jahren in 35 Minuten.

www.astronomie.ch
Übersicht über Schul- und Forschungssternwarten, Sternwartendatenbank.

Kinder- und Jugendbücher

- Sachbücher

  Emilie Beaumont, Marie-Renee Pimont: Dein buntes Wörterbuch des Weltraums.
  Emilie Beaumont: Planeten. Pierre Kohler: Himmel. Alle drei Bücher: Fleurus Verlag.

  Michael S. Buhl, Hans G. Schellenberger: Mein erstes Frage- und Antwortbuch.
  Sonne, Mond und Sterne. Loewe Verlag.

  Rainer Crummenerl, Milada Krautmann: Das will ich wissen. Sterne und Planeten.
  Arena Verlag.

  Ulrike Gerold, Wolfram Hänel: Zeig mir den Sternenhimmel. Arena Verlag.

  Norbert Golluch, Burckhard Mönter, Thomas Thiemeyer: Das große Buch von Himmel und Erde. Was wir wissen wollen. Ravensburger Verlag.

  Pierre Marchand: Sterne. Forschen, Spielen, Experimentieren.
  Buch Aktiv Box. ars edition.

  Carole Stott: Sternenhimmel. Naturführer für Kinder. Omnibus Verlag.

  Dr. Erich Übelacker: Was ist was. Sternbilder und Sternzeichen. Tessloff Verlag.

  Jean Pierre Verdet, Donald Grant: Das Weltall. Meyers Lexikonverlag.

  Barbara Wernsing-Bottmeyer, Christine Bietz: Komm, entdecke die Sterne!
  Natur-Sach-Mach-Buch. Coppenrath Verlag.

- Geschichtenbücher

  Klaus-Peter Wolf: Leselöwen – Weltraumgeschichten, Loewe-Verlag.

  Hubert Schirneck: Kiri Wal zählt die Sterne, Jungbrunnen-Verlag.

  Alexandra Junge: Im Dunkeln. Eine Gutenachtgeschichte. Aufbau-Verlag.

  Masahiro Kasuya: Der kleine Stern. Wittig Verlag.

- Weitere Materialien

  Gerhard Weiland, Hermann-Michael Hahn: Drehbare Kosmos Sternkarte.
  Kosmos Verlag. Die Sternenkarte zum Drehen zeigt immer das aktuelle Sternbild an.

  Klaus Hünig: Der große Sternenhimmel, Verlag Freies Geistesleben.
  Dreidimensionale Himmelskarte zum Selberbauen.

Auftragsübersicht

Erläuterungen zu den Arbeitsaufträgen

Differenzierungsmöglichkeiten innerhalb einer Aufgabe werden mit ★ gekennzeichnet.

Sternenwörter 1

① Neben die Bilder sollen die entsprechenden Bezeichnungen geschrieben werden.

★ Kinder, die schon Schreiberfahrungen besitzen, werden aufgefordert, den Artikel vor das Wort zu setzen. Kinder im zweiten Lernjahr schreiben neben jedes Bild einen kleinen Satz.

② Durch das Verbinden der Punkte von 1 bis 20 erhalten die Kinder einen Stern. Dieser sollte einfarbig oder mit einem Muster bunt ausgemalt werden. Die Kinder sollten für diese Aufgabe unbedingt ein Lineal benutzen.

Sterne, Sterne, Sterne 2

Die Kinder sollen die Sterne nach den Vorgaben einfärben und zählen.

★ Als Knobelaufgabe versuchen die Kinder herauszufinden, wie viele Sterne zu sehen sind oder wie viele Zacken die Sterne insgesamt haben.

Sternen-Memospiel 3

Mit den bekannten Spielregeln das Sternen-Memospiel spielen. Das Spiel kann auch erweitert werden, wenn man die Kinder eigene Sterne malen lässt. Die Schwierigkeit ist dabei, zwei möglichst gleich aussehende Sterne zu malen.

Sternenmuster 4

Die Kinder ergänzen die Seriationsaufgaben mit den fehlenden Sternen. Da die Sternformen möglichst einfach gehalten sind, sollten die Kinder in der Lage sein, diese nachzuzeichnen.

Sterne zeichnen 5

Mit diesem Anleitungsblatt können die Kinder relativ einfach außergewöhnliche Sterne zeichnen. Schöne Muster entstehen vor allem durch unkomplizierte Einfärbungen, wie in Punkt 6 der Anleitung geschildert. Die Kinder sollten auch angeregt werden, mit der Position der verschiedenen Punkte zu experimentieren, z. B. die dicken Punkte auf die eine, alle dünnen Punkte auf eine andere Seite malen.
Vorbereitung: Quadratisch geschnittenes Zeichenpapier, ca. 15 x 15 cm, bereitstellen.

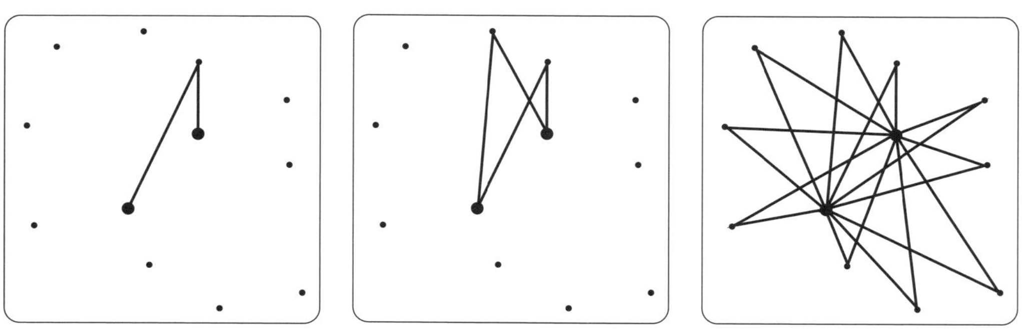

Erläuterungen zu den Arbeitsaufträgen

Sterne basteln 6

Da sich die Sternen-Werkstatt für die Adventszeit eignet, kann man mit den Kindern auch adventlichen Sternenschmuck basteln. Aus mehreren freien Angeboten wählen die Kinder eine Bastelaufgabe aus, z. B. für eine Fensterdekoration oder einen Baumanhänger. Selbstverständlich kann das Angebot durch weitere Ideen wie Tischlichter und Weihnachtskarten beliebig erweitert werden.
Vorbereitung: Die Lehrerin fertigt nach dem Muster auf den Anleitungsblättern oder nach eigenen Vorstellungen für jede der drei Gestaltungsideen mindestens eine Sternen-Schablone aus Karton an. Je nach Bastelvorschlag muss Tonpapier, Transparentpapier, Goldfolie, Nähgarn etc. besorgt werden.

Sternen-Gedichte 7

Sternen-Gedichte bestehen aus einem Stabreim, auch Alliteration genannt. Dabei sollten zumindest die betonten Wörter mit dem gleichen Anfangsbuchstaben beginnen: „Sieben Sänger singen seit sechzig Sekunden sehr seltsam." Auf die Anfangskombination „St", was beim Sternenthema nahe liegt, sollten die Wörter nach Möglichkeit alle mit „St" beginnen: „Stumme Sterngucker starren ständig auf strahlende Sterne."
Jeder Stabreim wird dann, wie auf der Auftragskarte beschrieben, sternförmig gestaltet.

★ Wenn es zu schwierig ist, einen ganzen Satz zu bilden, kann auch eine einfache Wortsammlung zum Thema, die jeweils mit dem gleichen Anfangsbuchstaben beginnt, zu einem Sternen-Gedicht geformt werden: Bär, braun, brummen, Berg, Bärenfell, Bienenhonig.

Sternenwissen 1 – die Sonne 8

Die meisten Kinder wird überraschen, dass unsere Sonne eigentlich ein Stern ist. Oft hilft die Vorstellung, in einem Raumschiff ganz weit weg zu fliegen, bis die Sonne nur noch ein winzig kleiner Punkt ist. Jetzt sieht sie genauso aus wie jeder andere Stern. Und wenn man bei einem anderen Stern angekommen ist, sieht dieser vielleicht aus wie die Sonne.

★ Die Blätter „Sternenwissen" sind so aufgebaut, dass das elementare Wissen in kurzen prägnanten, groß geschriebenen Sätzen auch für die meisten Leseanfänger lesbar sein sollte. Weitergehende Informationen für „Leseprofis" sind kleiner gedruckt.

Faltheft: Himmelskörper 9

Mit diesem Faltheft lernen die Kinder die wichtigsten Himmelkörper, Sterne inkl. Sonne, Planeten, Monde kennen. Neben dem Falten und Anmalen des Buches müssen die Kinder die passenden Begriffe einsetzen.

Sternengeschichten 10

Die Kinder suchen sich eines der Motive aus und schreiben dazu eine Geschichte.
Vorbereitung: Die Blätter so kopieren, dass auf der Rückseite der drei Motive jeweils nur das reine Linienblatt zu sehen ist. Dann die Blätter in der Mitte zusammenfalten, so dass kleine „Geschichtenhefte" entstehen.

Erläuterungen zu den Arbeitsaufträgen

Lesen, malen und schreiben (11)

Entsprechend dem Lesetext soll das Bild vervollständigt werden. Auf die Linien schreiben die Kinder entweder einen zum Bild passenden Text oder eigene Sternenbeobachtungen.

★ Bei diesem Arbeitsblatt gibt es zwei Schwierigkeitsgrade. Die einfachere Variante ist durch eine Feder gekennzeichnet, die schwierigere durch ein Gewicht. In beiden Fällen können die Kinder die Aufgabe aber nur bearbeiten, wenn sie schon lesen können.

Sternbilder-Rätsel (12)

Mit Hilfe der Buchstabentabelle schreiben die Kinder die Namen der Sternbilder auf. Dabei sollen sie nur bei den Anfangsbuchstaben (dick umrandete Felder) den großen Buchstaben benutzen, anschließend aber die kleinen Buchstaben.

Lieblingssternbilder (13)

Für diese Aufgabe wird die Sternbilderkartei benötigt, die auch bei anderen Aufgaben hilfreich sein kann. Deshalb sollte sie so „gelagert“ werden, dass die Kinder sie nicht nur einer speziellen Aufgabe zuordnen.
Die Kinder suchen sich ein Lieblingssternbild aus und übertragen die Sternenkonstellation mit gelben Klebepunkten und einem weißen oder goldenen Dekostift auf ein dunkelblaues Papier. Dazu kleben die Kinder eine kleine Infotabelle auf und schreiben die Daten aus der Kartei ab.
Tipp: Mit einem Locher können die benötigten Sternpunkte auch aus gelbem oder goldenem Papier ausgestanzt werden.
Vorbereitung: Gelbes oder goldenes Papier zum Ausstanzen, Klebepunkte, Locher, weißer oder goldener Dekostift. Bei dieser Aufgabe ist es sinnvoll, ein Beispielblatt vorzubereiten und den Kindern als Ansichtsexemplar zur Verfügung zu stellen.
Aufbereitung der Sternbilderkartei: Die A6-Karteikarten, zu finden in Anhänge und Extras, S. 79 ff. ausschneiden und in einem passenden, den Kindern leicht zugänglichen Karteikasten aufbewahren. Auf der Vorderseite der Karten ist jeweils ein Sternbild und eine kleine Infotabelle abgebildet, auf der Rückseite steht ein Infotext dazu. Die **fett** gesetzten Wörter verweisen auf Sternbilder, die eine eigene Sternbild-Karteikarte haben und verknüpfen die Mythen inhaltlich.
Index der 23 Sternbilder: Adler, Andromeda, Fische, Großer Bär (Großer Wagen), Herkules, Jungfrau, Kassiopeia, Kleiner Bär (Kleiner Wagen), Krebs, Löwe, Orion, Pegasus, Perseus, Schütze, Schwan, Skorpion, Steinbock, Stier, Waage, Walfisch, Wassermann, Widder, Zwillinge.

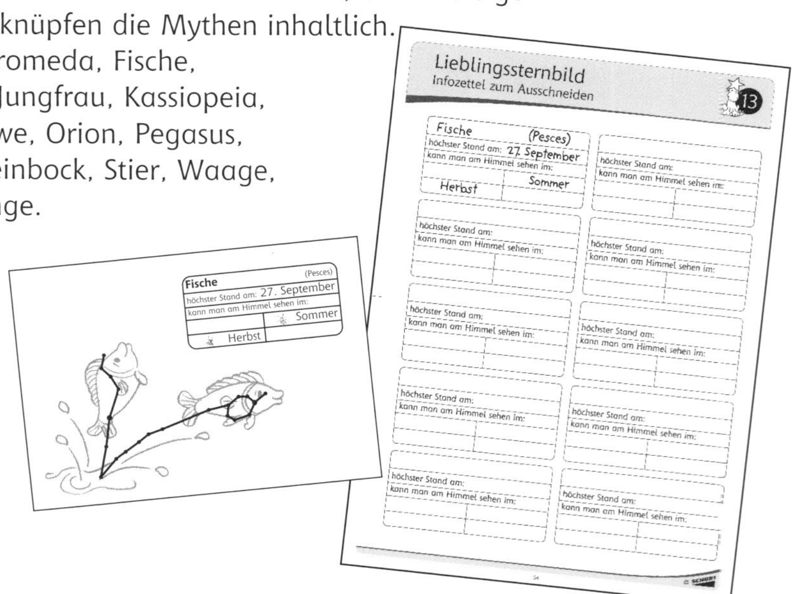

Erläuterungen zu den Arbeitsaufträgen

Sterne verbinden 14

Auf dem Anweisungsblatt finden die Kinder die Buchstabenpaare, die verbunden werden sollen.
Achtung: Nicht alle Buchstabenpaare nach dem Alphabet verbinden! Wenn die Kinder die Punkte mit den angegebenen Buchstabenpaaren jeweils mit einem Lineal verbinden, entstehen Sternbilder. Je nach Sternkarte werden unterschiedliche Sterne zu den Sternbildern hinzugezählt. Die hier entstehenden Sternbilder passen zur Sternbilderkartei – auch wenn die Kinder das eine oder andere Sternbild zunächst drehen müssen, da es am Himmel ja auch nicht immer „aufrecht" steht. Deshalb sollten die Kinder die Sternbilder mit Hilfe der beiliegenden Sternbilderkartei bestimmen und anschreiben.
Vorbereitung: Das Blatt mit den Anweisungen mehrfach auf farbiges Papier oder Kopierkarton kopieren.
Lösungen: Großer Bär, Krebs, Löwe, Herkules, Kassiopeia, Orion.

Sternzeichen 15

Mit dem Thema Sterne verbinden viele auch ihr Sternzeichen und die Horoskope. Mit diesem Arbeitsblatt erhalten die Kinder einen Überblick über die zwölf Sternzeichen. Ihr eigenes Zeichen sollen sie dabei besonders markieren. Als Zusatzaufgabe können die Kinder zu den Sternzeichen die Daten schreiben, von wann bis wann ein Sternzeichen gilt.

Wie das Sternbild an den Himmel kam 16

Bei den Sagen und Geschichten zu den Sternbildern handelt es sich nicht um historische Dokumente, sondern um mündlich überlieferte Inhalte, die je nach Quelle stark voneinander abweichen können. Dass es sich nicht um eine „richtige" Erzählung handelt, sollte den Kindern klar sein, wenn sie diese Aufgabe bearbeiten möchten. Auch ihre neu erfundene Geschichte kann genauso wahr sein. Trotzdem müssen die Kinder natürlich nicht unbedingt eine eigene Geschichte erfinden, sie können auch eine bekannte mit eigenen Worten aufschreiben oder evtl. abschreiben. Anschließend können sie das entsprechende Sternbild dazumalen oder von den Kopiervorlagen ausschneiden und aufkleben.
Vorbereitung: Die Bilder sind dazu gedacht, dass die Kinder das passende Sternbild zu ihrer eigenen Geschichte kleben, es genügen also einige wenige Kopien für die Klasse.

Mein neues Sternbild 17

Die Kinder sollen hier mit ihrer Fantasie spielen und sich ein eigenes Sternbild ausdenken. Mit einem weißen Stift (oder einem Lackstift) zeichnet jedes Kind sein erfundenes Sternbild ein, notiert den Namen und denkt sich eine Geschichte aus, wie das Sternbild an den Himmel gekommen sein könnte. Hilfreich ist, wenn die Kinder schon typische Sternengeschichten kennen.
Vorbereitung: weißer Stift.

Erläuterungen zu den Arbeitsaufträgen

Beobachtungen am Sternenhimmel 18

Auf diesem Arbeitsblatt sollen die Kinder die Sternbilder des Wintersternenhimmels wiedererkennen. Sie können diese mit Hilfe der Sternbilderkartei oder einer Sternkarte identifizieren und auch noch weitere Sternbilder, die sie finden, einzeichnen. Die Kinder notieren die Namen der entdeckten Sternbilder.
Vorbereitung: Die Kinder benötigen entweder die Sternbilderkartei, besser aber noch eine Sternenkarte, auf welcher der komplette Wintersternenhimmel zu erkennen ist.

Sternenwissen 2 – der Polarstern 19

Da sich die Erde dreht, bewegt sich auch der Sternenhimmel im Laufe der Nacht über uns. Da der Nordstern – der Polarstern – ungefähr in der Verlängerung der Erdachse liegt, bleibt er in der Nacht am gleichen Ort, während sich die anderen Sterne um ihn herum drehen. Deshalb dient er den Menschen seit Urzeiten als Orientierungshilfe. Mit diesem Arbeitsblatt lernen die Kinder den Polarstern finden. An den unteren drei Beispielen wenden sie dieses Wissen praktisch an.

Sternenwissen 3 – die Milchstraße 20

Auf dem letzten Arbeitsblatt wird den Kindern der nicht leicht verständliche Zusammenhang zwischen der Milchstraße und dem Begriff „Galaxie" verdeutlicht.
Vorbereitung: Glimmer, flüssiger Klebstoff.

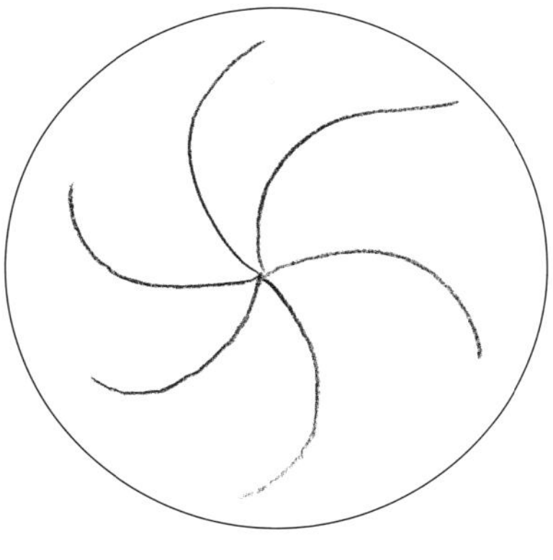

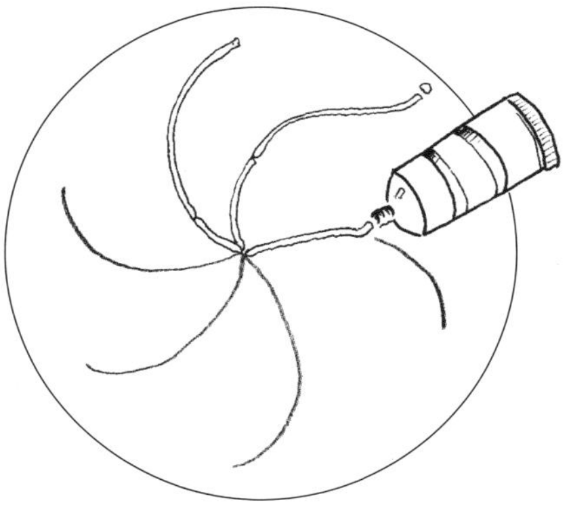

Auftragskarten

Sternenwörter

1

① Schreibe die passenden Sternenwörter zu den Bildern.
Wenn du schon gut schreiben kannst, dann schreibe auch den Artikel „der“, „die“ oder „das“ davor.
Du kannst auch jeweils einen kleinen Satz schreiben.

② Verbinde die Punkte von 1 bis 20.
Benutze ein Lineal und einen Bleistift, damit du exakt arbeiten kannst.
Male das Bild aus.

? Helferkind: ____________________

Sterne, Sterne, Sterne

2

Male die Sterne im Sternenhaufen nach der Anweisung an.

Wie viele Sterne sind es von jeder Sorte?

Kannst du auch zählen,
– wie viele Sterne es insgesamt sind?
– wie viele Zacken alle Sterne zusammen haben?

? Helferkind: ____________________

Sternen-Memospiel

3

Spiele mit anderen Kindern das Memospiel.

Male weitere Sternenpaare und nehme sie zum Spiel dazu.

Achte darauf: Die beiden Sterne eines Sternenpaares müssen genau gleich aussehen.

? Helferkind: ____________________

Sternenmuster

4

Führe die Muster fort und
zeichne die fehlenden Sterne ein.

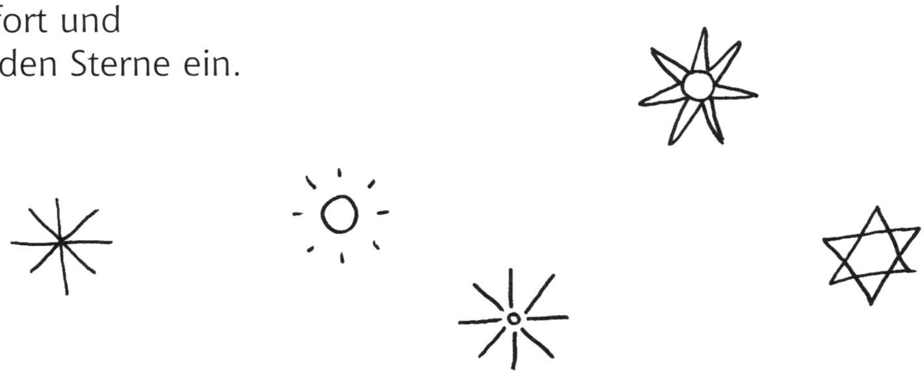

Helferkind: ____________________

Sterne zeichnen

5

Nimm ein quadratisches Zeichenpapier.
Befolge die Anweisungen „Sterne zeichnen" Teil 1 bis 6.

Zeichne mehrere Sterne.
Probiere verschiedene Muster aus.

Schneide deinen Stern aus.
Tipp: Klebt alle Sterne zu einem Sternenhimmel zusammen.

Helferkind: ____________________

Sterne basteln

6

Suche dir eine Bastelaufgabe aus und
schmücke gemeinsam mit den anderen Kindern
dein Schulzimmer mit Sternen.

Hast du auch noch eigene Ideen?
Kennst du von zu Hause Sternenschmuck?

Helferkind: ____________________

Sternen-Gedichte

7

① Für ein Sternengedicht brauchst du ein Thema, zum Beispiel „singen".

② Jetzt schreibst du auf ein Blatt einen „Stabreim". Das ist ein Satz, in dem möglichst alle Wörter mit dem gleichen Anfangsbuchstaben anfangen. Zum Beispiel: „Sieben Sänger singen seit sechzig Sekunden sehr seltsam."

Wenn du keinen ganzen Satz findest, nimm einfach andere Wörter mit dem gleichen Anfangsbuchstaben, die zu deinem Thema passen.

③ Male einen kleinen Kreis und schreibe den Anfangsbuchstaben hinein.

④ Zeichne für jedes Wort einen Sternenstrahl.

⑤ Schreibe den Satz Wort für Wort auf die Sternenstrahlen.

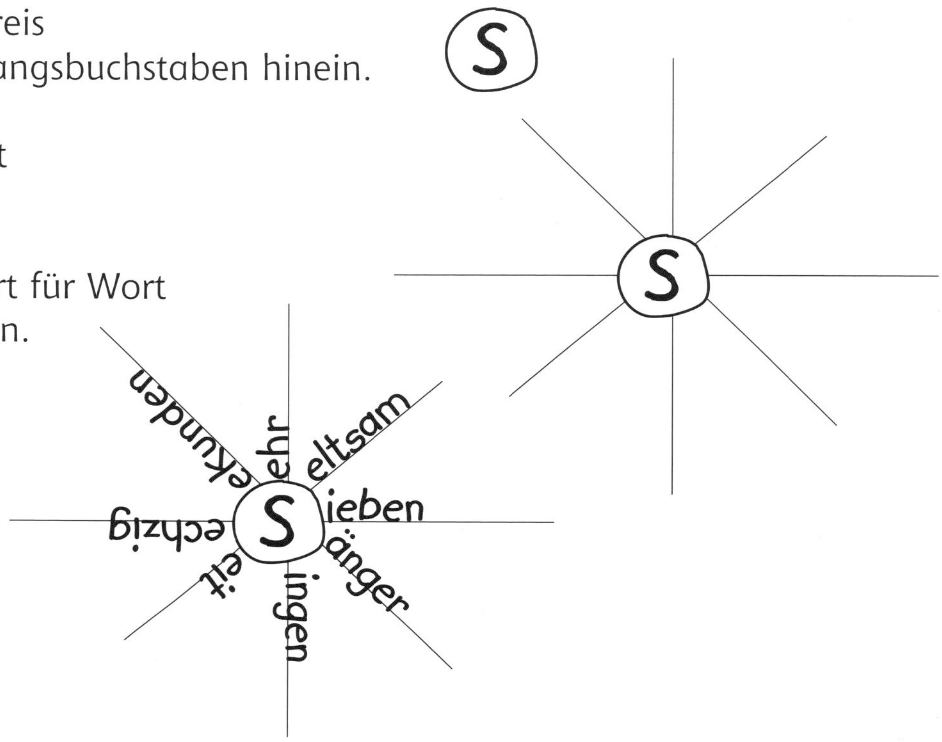

? Helferkind: ____________________

Sternenwissen 1 – die Sonne

8

Lies den oberen Teil durch.

Male nach der Anleitung in das Feld einen leuchtenden gelben Stern.

Wenn du ein Leseprofi bist, dann lies auch den unteren Teil, der kleiner gedruckt ist.

? Helferkind: ____________________

Faltheft: Himmelskörper

① Lege das Blatt quer mit der Schrift nach unten.
Falte es einmal von unten nach oben.
Klappe es wieder auf.

①

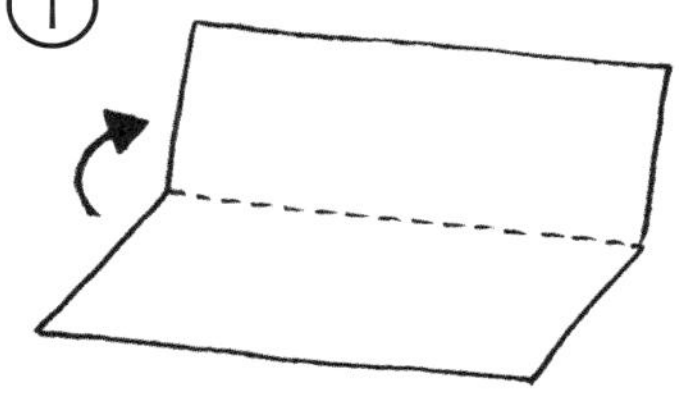

② Drehe das Blatt um 90 Grad.
Falte es einmal von unten nach oben.

②

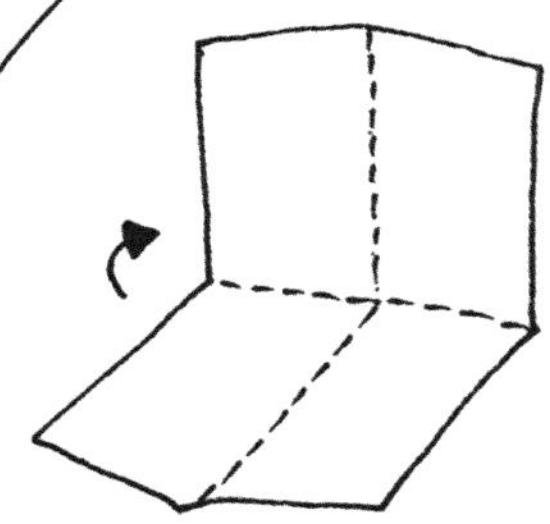

③ Dreh das Blatt mit der Schrift nach oben.
Falte das Blatt von unten bis zur Knickfalte.
Klappe es wieder auf.
Falte das Blatt von oben bis zur Knickfalte.
Klappe es wieder auf.

③

④ Schneide mit der Schere die Mittellinie von der Knickfalte bis zu Hälfte wie auf der Zeichnung ein.

④

⑤ Falte das Blatt wieder auf.
Fasse es links und rechts wie auf der Zeichnung und schiebe die Seiten in die Mitte.

⑤

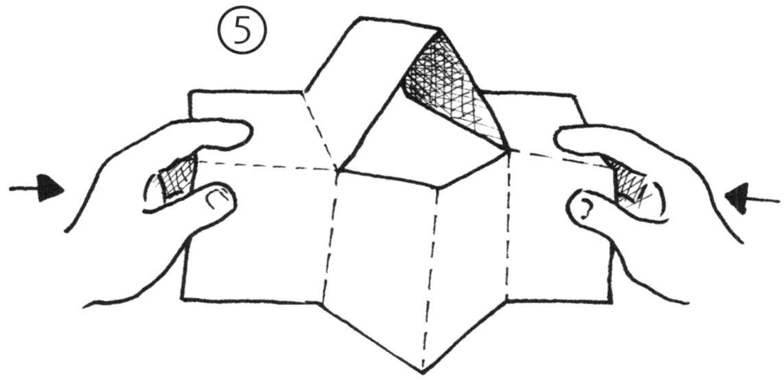

⑥ Knicke es so um, dass alle Seiten aufeinander liegen.
Dein Heft ist fertig, schau es dir an!

Am Himmel können wir verschiedene Himmelskörper beobachten.

Schreibe die Wörter „Planeten“, „Monde“ und „Sterne“an die richtigen Stellen.

⑥

? Helferkind: ______________________

Sternengeschichten 10

Suche dir ein Bild aus.
Falte das Blatt in der Mitte. Schon hast du ein Heft mit 4 Seiten.

Erfinde eine Geschichte zum Bild und schreibe sie auf die Linien.
Beginne auf Seite 1.
Setze einen passenden Titel auf die dicke Linie.

? Helferkind: ______________________________

Lesen, malen und schreiben 11

Lies den Text
und male das Bild fertig.

Schreibe etwas Passendes zum Bild.
Hast du auch schon einmal durch ein Fernglas den Sternenhimmel beobachtet?
Was hast du gesehen?

? Helferkind: ______________________________

D

Sternbilder-Rätsel 12

Hole eine Buchstabentabelle.

Schreibe die Buchstaben zu den Anlautbildern,
dann erfährst du, wie die Sternbilder heißen.

Achtung:
Nimm nur bei den dick umrandeten Kästchen den großen Buchstaben.
Nimm ansonsten immer den kleinen Buchstaben.

? Helferkind: ______________________________

Sternbilder-Rätsel

12

Hole eine Buchstabentabelle.

Schreibe die Buchstaben zu den Anlautbildern, dann erfährst du, wie die Sternbilder heissen.

Achtung:
Nimm nur bei den dick umrandeten Kästchen den grossen Buchstaben.
Nimm sonst immer den kleinen Buchstaben.

? Helferkind: ____________________

Lieblingssternbild

13

Sieh dir die Sternbilderkartei an.
Welches ist dein Lieblingssternbild?

Wie viele Sterne sind in deinem Sternbild?
Stanze mit einem Locher gleich viele Punkte aus einem gelben Blatt.

Klebe sie in der Form deines Sternbildes auf ein blaues Blatt.

Zeichne mit einem hellen Stift die Verbindungslinien ein.

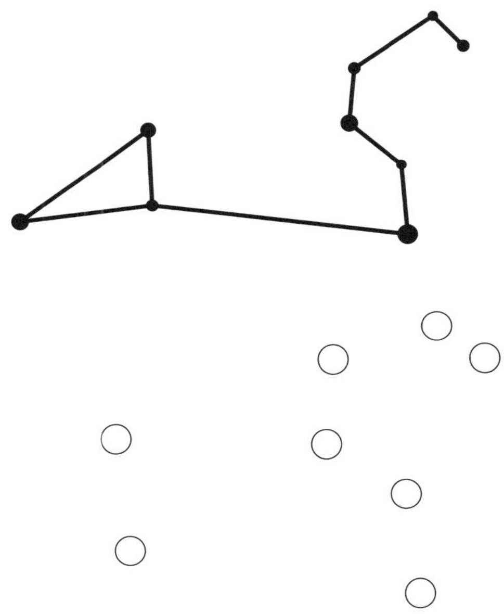

Klebe noch einen Infozettel auf das Blatt und trage die Informationen aus der Sternbilderkartei ein.

höchster Stand am:	
kann man am Himmel sehen im:	

? Helferkind: ____________________

Sterne verbinden

14

Verbinde die Sterne nach der Anweisung.
Benutze ein Lineal.

Welche Sternbilder hast du dabei gezeichnet?
Sieh in der Sternbild-Kartei nach.
Achtung: Das Sternbild kann auch verdreht sein.

Schreibe die Namen dazu. Wenn du willst, kannst du auch das Bild dazumalen.

? Helferkind: ______________________________

Sternzeichen

15

Manche Leute glauben, die Sterne beeinflussen unser Leben.
Astrologen berechnen Horoskope und sagen den Leuten,
ob die Sterne „gut für sie stehen“ oder nicht.
Wichtig ist dabei, in welchem Sternzeichen man geboren wurde.

Finde heraus, welches Sternzeichen du hast und markiere es besonders.
Schneide die Sternbilder aus und klebe sie in den Sternenkreis.

? Helferkind: ______________________________

Wie das Sternbild an den Himmel kam

16

Zu den Sternbildern haben sich die Menschen
schon immer Geschichten erzählt.
Einige davon kannst du in der Sternbilderkartei lesen.

Denke dir selbst eine Geschichte zu einem Sternbild aus,
oder schreibe eine bekannte Geschichte mit deinen Worten auf.
Klebe das Sternbild dazu.

? Helferkind: ______________________________

Mein neues Sternbild

17

Schau dir den Himmel auf dem Arbeitsblatt an.

Denke dir selbst ein Sternbild aus
und zeichne es mit einem gut sichtbaren Stift ein.

Erfinde einen Namen für dein Sternbild.
Überlege, wie es an den Himmel gekommen ist.
Schreibe deine Geschichte auf.

? Helferkind: ______________________________

Beobachtungen am Sternenhimmel

18

Der Astronom beobachtet den Sternenhimmel
und sucht die Sternbilder.

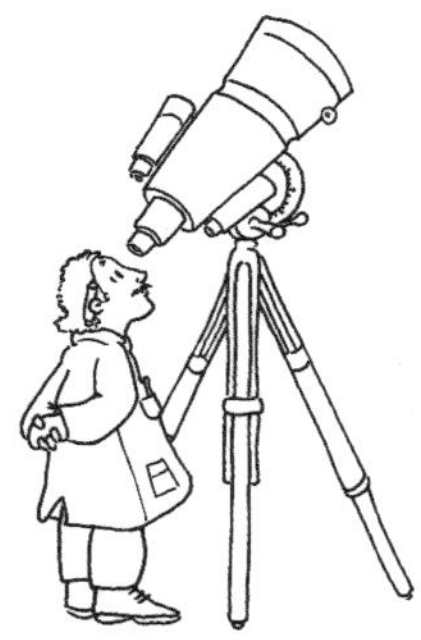

Welche hat er schon gefunden?
Nimm eine Sternkarte oder die Sternbilderkartei zu Hilfe.

Schreibe die Namen der Sternbilder auf.
Findest du noch andere?

? Helferkind: ______________________________

Sternenwissen 2 – der Polarstern

19

Der Polarstern zeigt dir immer, wo Norden ist.
Lies den Text durch.

Versuche bei den drei Bildern den Polarstern zu finden.

Male ihn immer gelb an.

? Helferkind: ______________________________

D

Sternenwissen 3 – die Milchstraße 20

Lies den oberen Text über die Milchstraße durch.
Gestalte im schwarzen Kreis eine Galaxie:

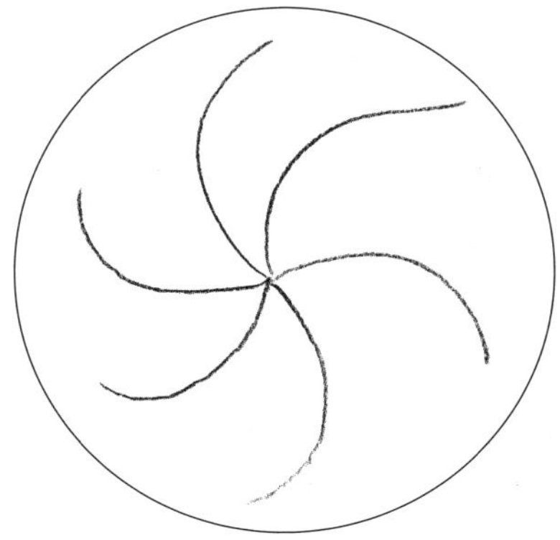

① Zeichne mit einem Bleistift ganz dünn eine Galaxie auf.

② Ziehe mit Kleber genau auf dem Bleistiftstrich eine Klebespur.

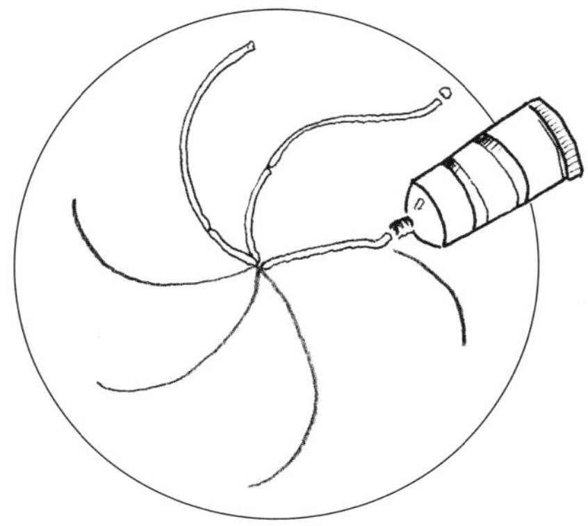

③ Lass vorsichtig Glimmer über die Klebespur rieseln.

Wenn du Leseprofi bist, dann lies auch den unteren Teil, der kleiner gedruckt ist.

? Helferkind: ______________________________

CH

Sternenwissen 3 – die Milchstrasse 20

Lies den oberen Text über die Milchstrasse durch.
Gestalte im schwarzen Kreis eine Galaxie:

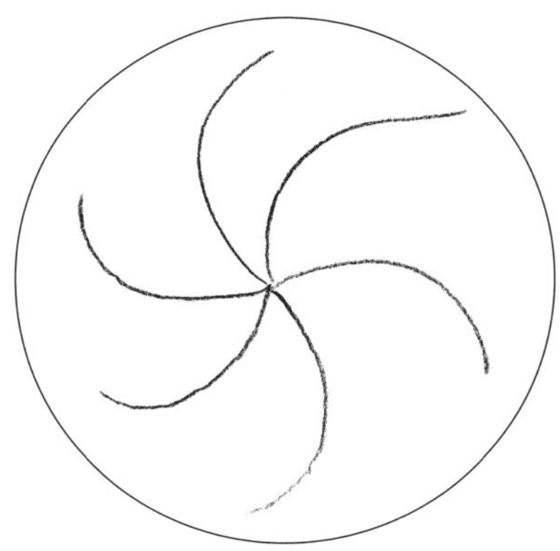

① Zeichne mit einem Bleistift ganz dünn eine Galaxie auf.

② Ziehe mit der Leimtube genau auf dem Bleistiftstrich eine Leimspur.

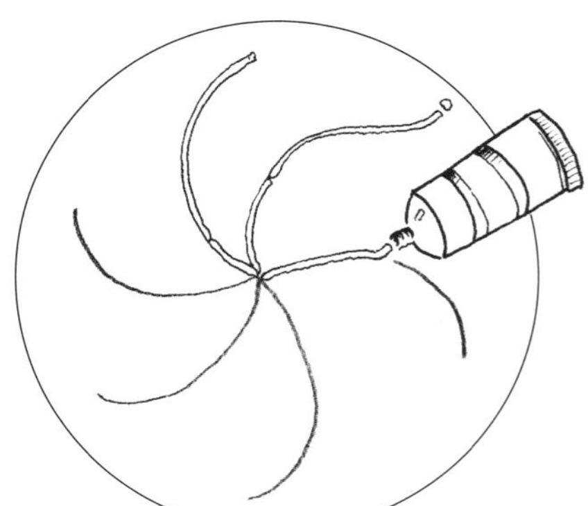

③ Lass vorsichtig Glimmer über die Leimspur rieseln.

Wenn du Leseprofi bist, dann lies auch den unteren Teil, der kleiner gedruckt ist.

? Helferkind: ______________________________

? Helferkind: ____________________

? Helferkind: ____________________

Helferkind: ____________________

Helferkind: ____________________

Helferkind: ______________________________

Arbeitsblätter

Name:

Datum:

Sternenwörter

1

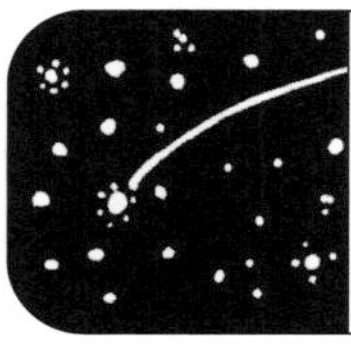

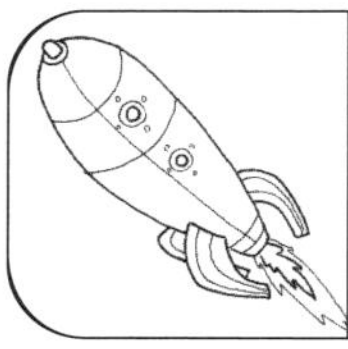

2

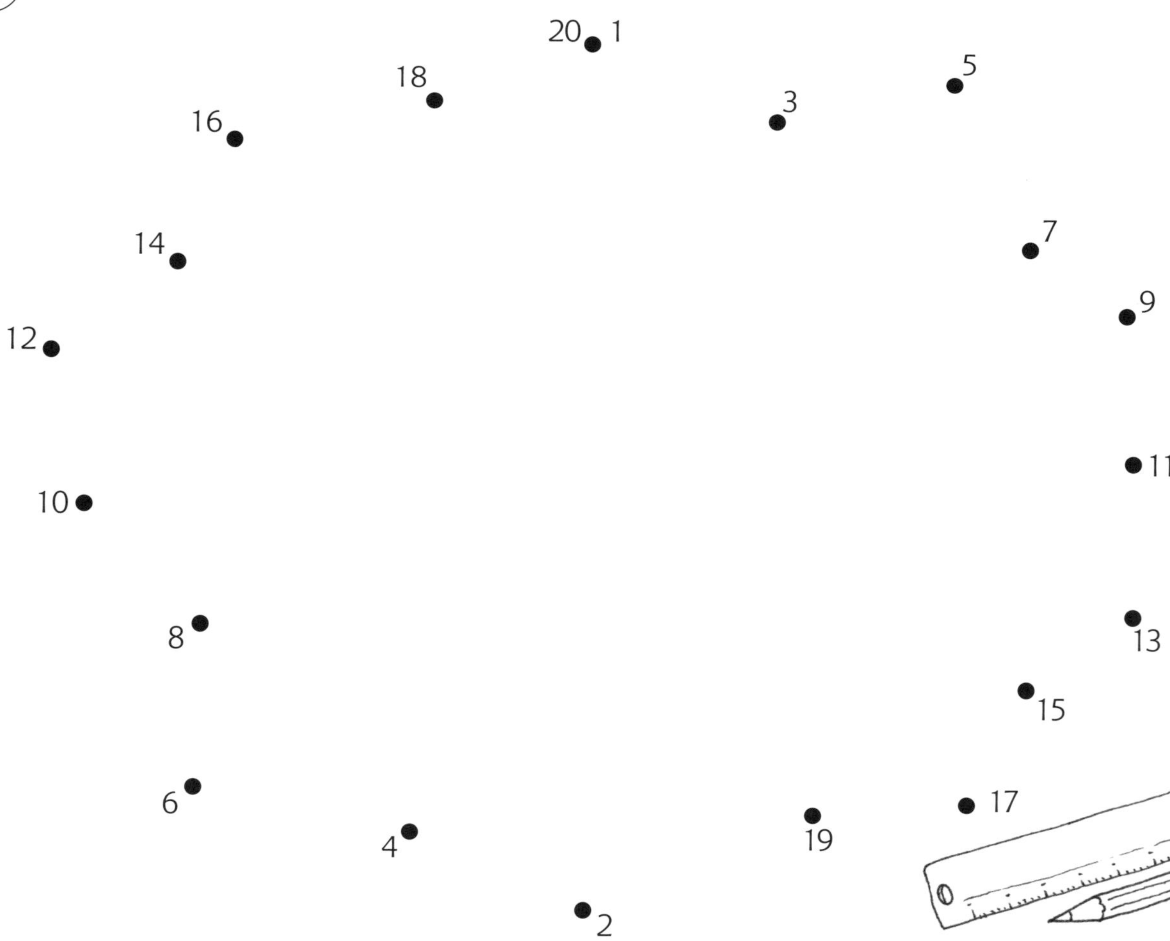

Name:

Datum:

Sterne, Sterne, Sterne

 ____ rote Sterne

 ____ blaue Sterne

 ____ grüne Sterne

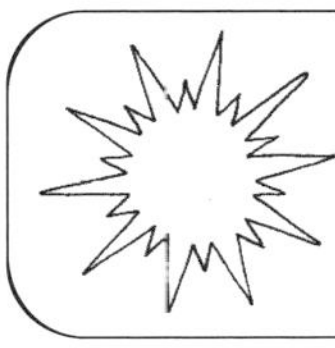 ____ gelbe Sterne

Name:

Datum:

Sternenmuster

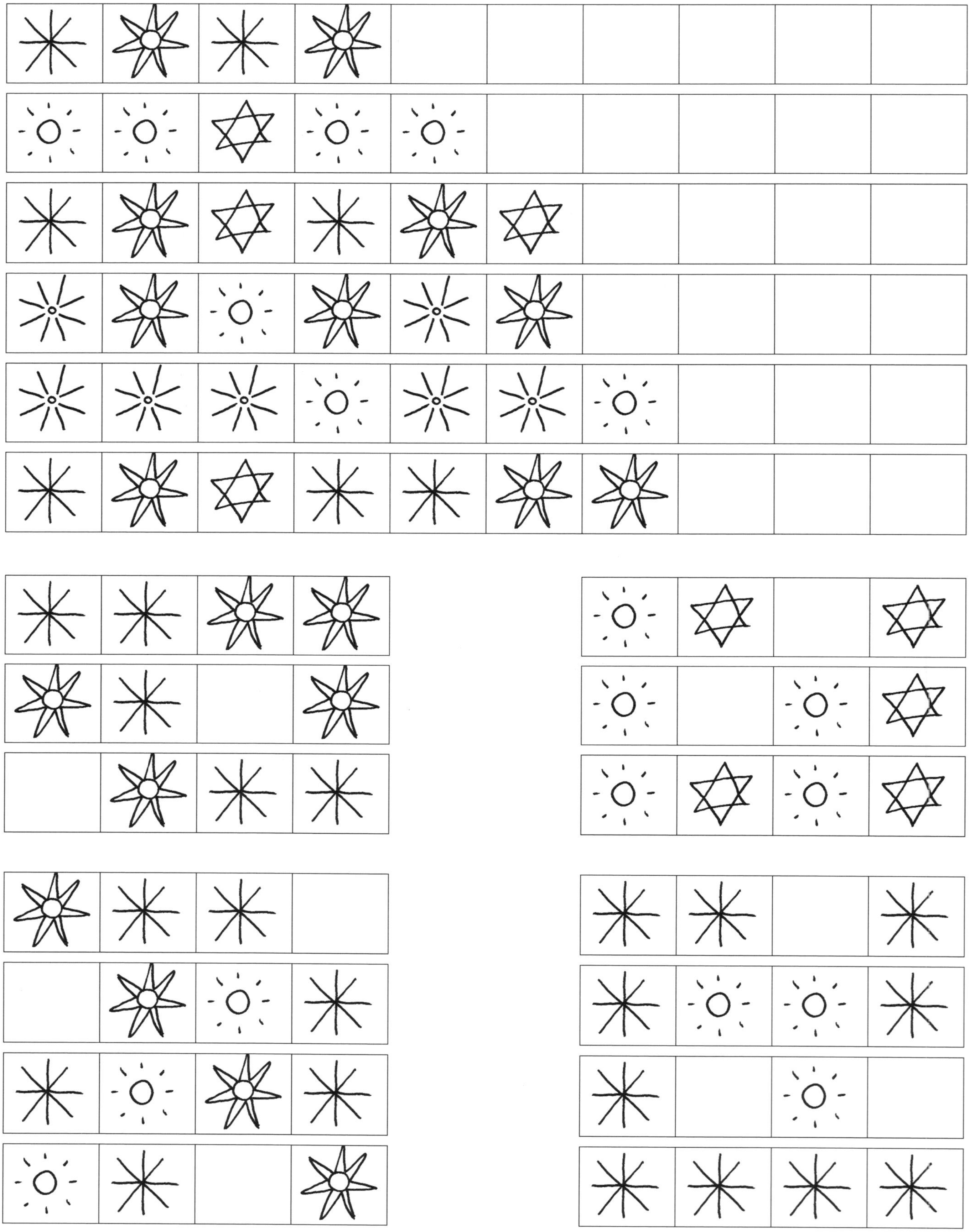

Sterne zeichen – Anleitungsblatt 5

1.

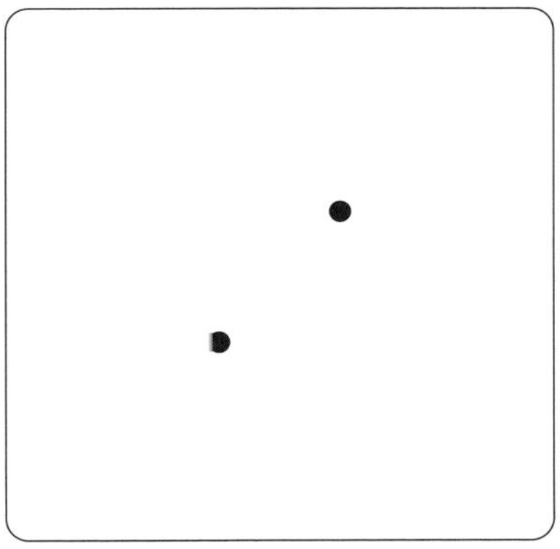

Zeichne 2 dicke Punkte irgendwo auf dein Papier.

2.

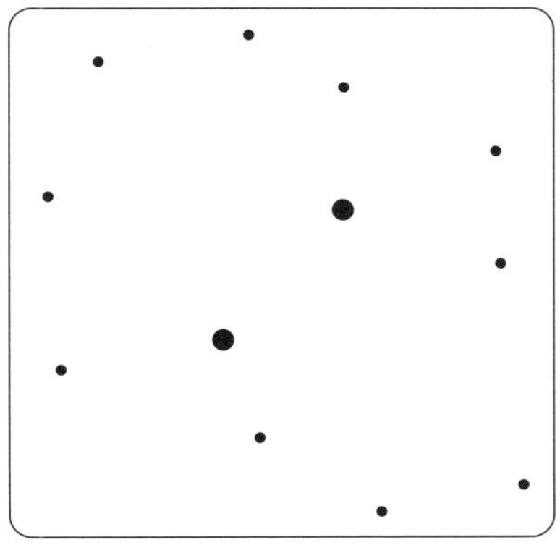

Zeichne dazu 10 kleinere Punkte verteilt auf das Papier.

3.

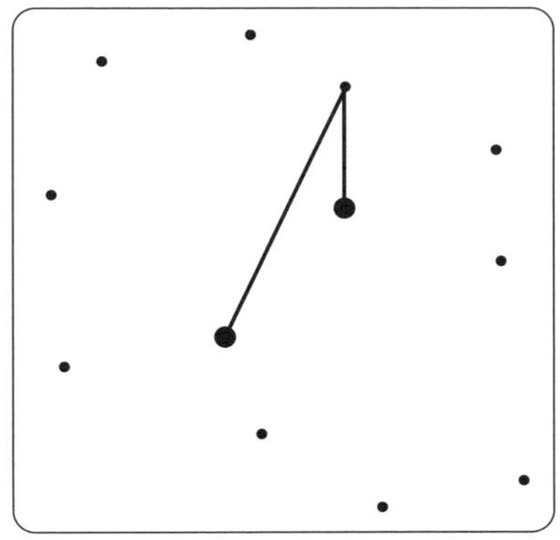

Nimm einen der kleinen Punkte. Zeichne mit einem Lineal gerade Linien zu den beiden dicken Punkten.

4.

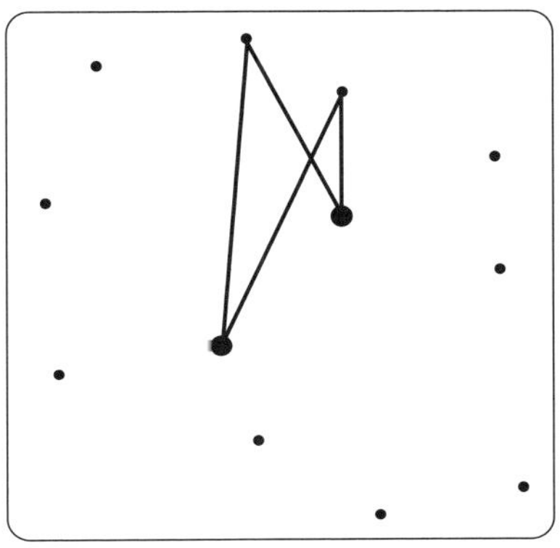

Wiederhole das Gleiche mit dem nächsten kleinen Punkt. Verbinde ihn mit beiden dicken Punkten.

5.

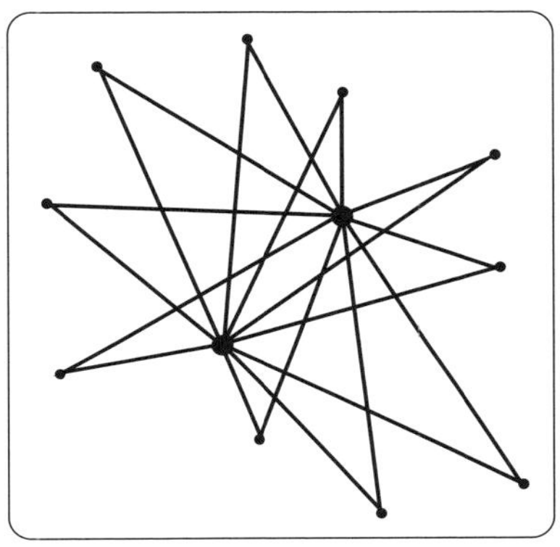

Wiederhole das Gleiche mit allen kleinen Punkten.
Achtung: Verbinde die kleinen Punkte NICHT miteinander.
Verbinde die dicken Punkte NICHT miteinander.

6. Male den Stern an.

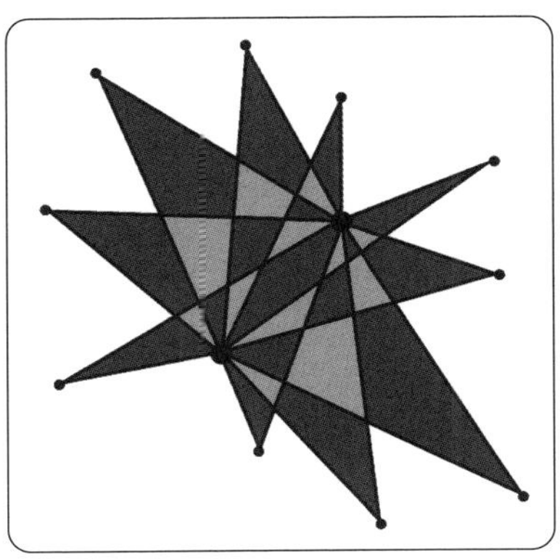

Versuche dies: Nimm 2 Farben. Male die Flächen so an, dass sich gleiche Farben nicht berühren.

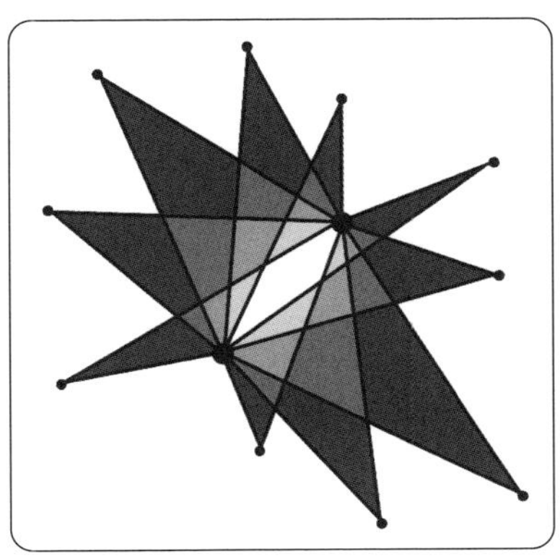

Versuche dies: Nimm eine Farbe. Male die inneren Felder zart an und werde immer kräftiger mit den Farben.

Sterne basteln:
Anleitungsblatt Sternenkugel

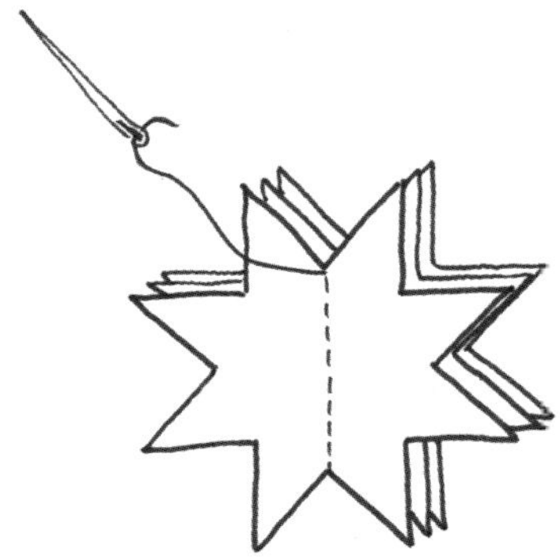

1. Nimm die Sternen-Schablone, übertrage sie dreimal auf ein Blatt und schneide die drei Sterne aus.

2. Lege die Sterne genau aufeinander und nähe sie zusammen.

3. Fächere die drei Sterne zur Sternenkugel auf.

Sterne basteln:
Anleitungsblatt Scherenschnitt-Stern

6

1. Nimm die Kreis-Schablone,
   übertrage sie auf ein Blatt und schneide den Kreis aus.
2. Falte den Kreis dreimal.
3. Schneide das Dreieck viermal ein.
4. Falte alles wieder ganz auseinander.
5. Knicke die entstandenen „Ecken“ zu Sternzacken.

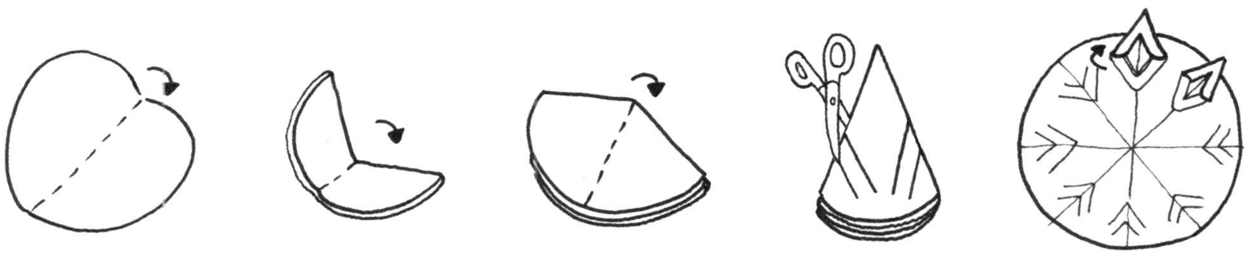

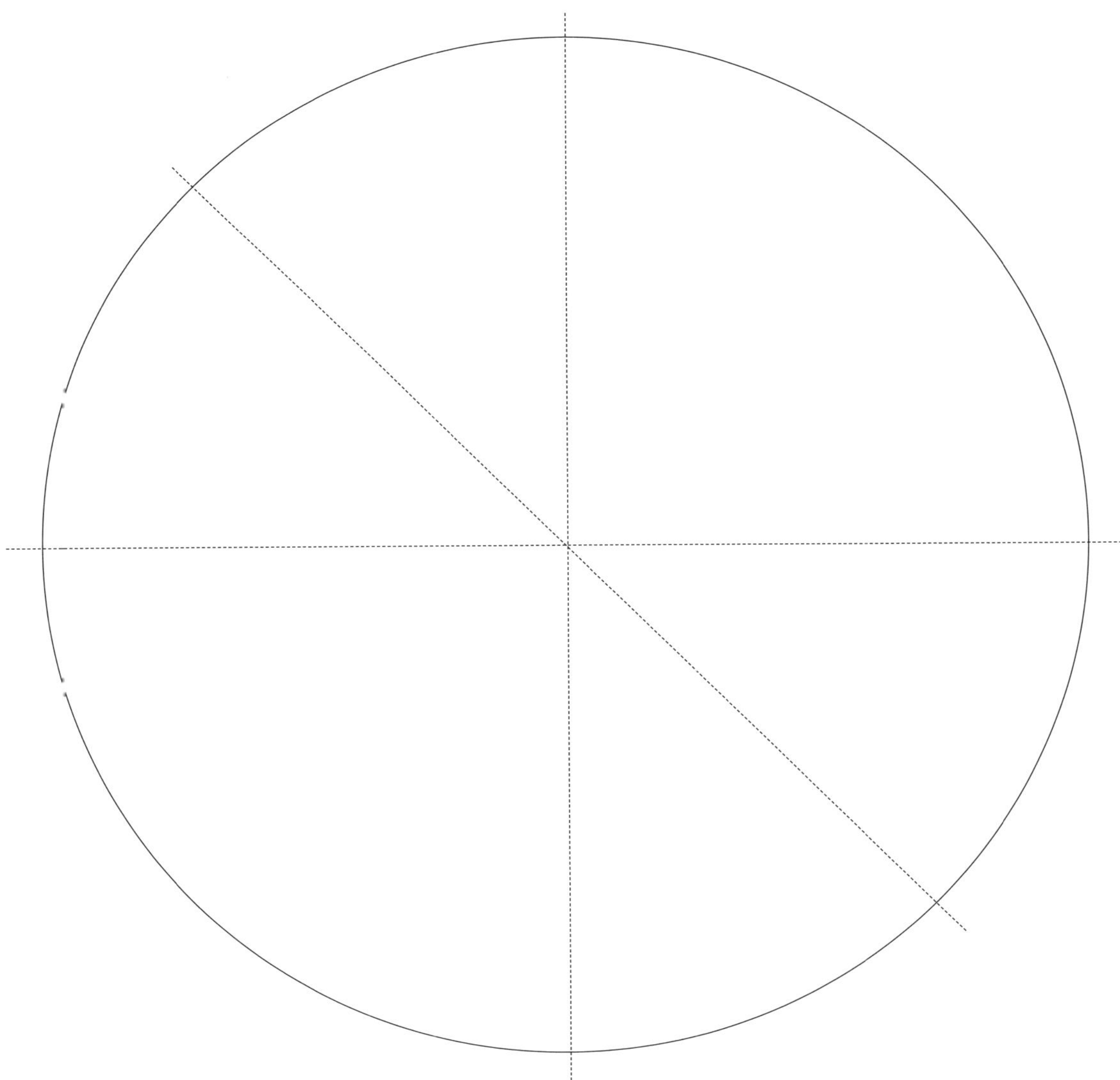

Sterne basteln:

Anleitungsblatt Fensterstern

6

1. Nimm die Sternrahmen-Schablone, übertrage sie zweimal auf ein Blatt und schneide die beiden Sternrahmen aus.
2. Überklebe das Sternfenster des einen Rahmens mit hellem Transparentpapier.
3. Klebe bunte Schnipsel aus Transparentpapier darauf.
4. Klebe den zweiten Sternrahmen exakt auf den ersten Sternrahmen.

Sternenwissen 1 – die Sonne

Sterne sind Sonnen.
Sie sind heiß.
Sie sind sehr groß.

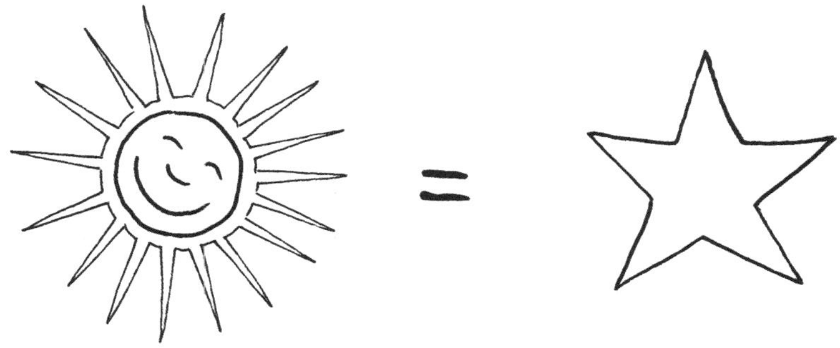

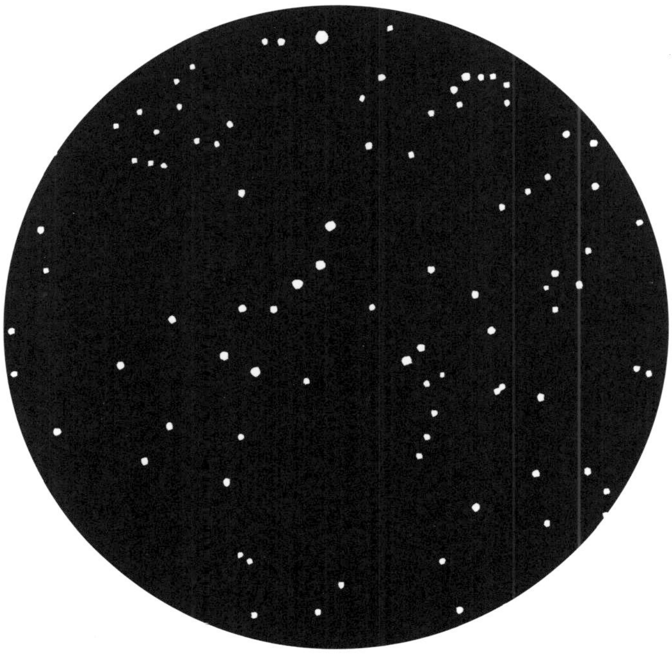

Am Himmel gibt es unzählige Sterne. Manche Sterne leuchten rötlich, viele schimmern gelb, manche weiß und andere bläulich.

Sterne leuchten aber nicht ewig. Sie werden geboren und sterben auch wieder.

Auch unsere Sonne wird eines Tages verlöschen. Aber das dauert noch ungefähr 5 Milliarden Jahre.

1. Male das Feld zuerst mit gelber Wachskreide gelb an.
2. Male mit schwarzer Wachskreide darüber, bis du nichts Gelbes mehr siehst.
3. Kratze aus der schwarzen Fläche einen schönen gelben Stern heraus.
4. Überziehe das Feld mit einer durchsichtigen Klebefolie.

Sternenwissen 1 – die Sonne

Sterne sind Sonnen.
Sie sind heiss.
Sie sind sehr gross.

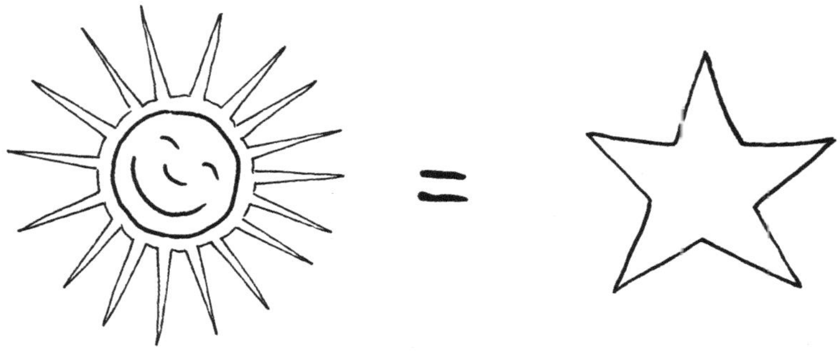

Am Himmel gibt es unzählige Sterne.
Manche Sterne leuchten rötlich,
viele schimmern gelb, manche weiss
und andere bläulich.

Sterne leuchten aber nicht ewig.
Sie werden geboren
und sterben auch wieder.

Auch unsere Sonne wird eines Tages
verlöschen. Aber das dauert noch
ungefähr 5 Milliarden Jahre.

1. Male das Feld zuerst mit gelber Wachskreide gelb an.
2. Male mit schwarzer Wachskreide darüber,
   bis du nichts Gelbes mehr siehst.
3. Kratze aus der schwarzen Fläche einen schönen gelben Stern heraus.
4. Überziehe das Feld mit einer durchsichtigen Klebefolie.

Himmelskörper

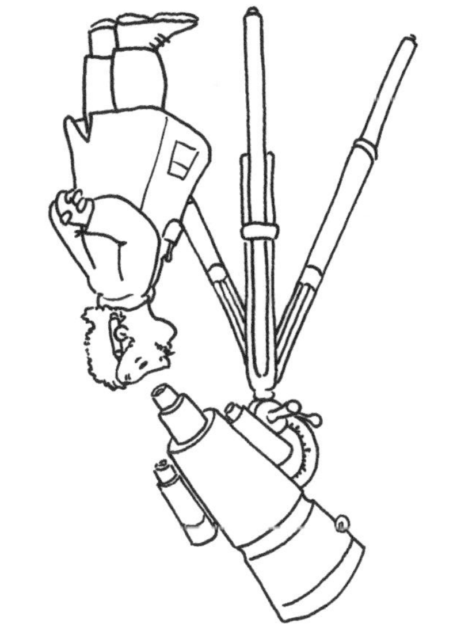

sind Sonnen.

Sie leuchten.

kreisen
um Sterne.

Unsere Erde
ist ein Planet.

kreisen
um Planeten.
Unsere Erde
hat auch
einen Mond.

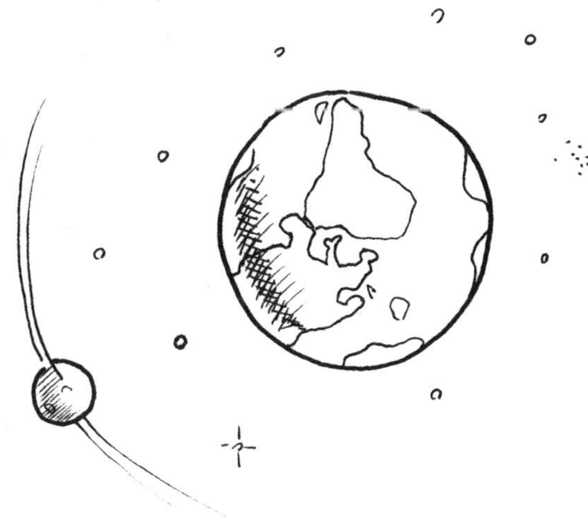

Sternengeschichte 1

Sternengeschichte 2

Sternengeschichte 3

Name:

Datum:

Sternzeichen

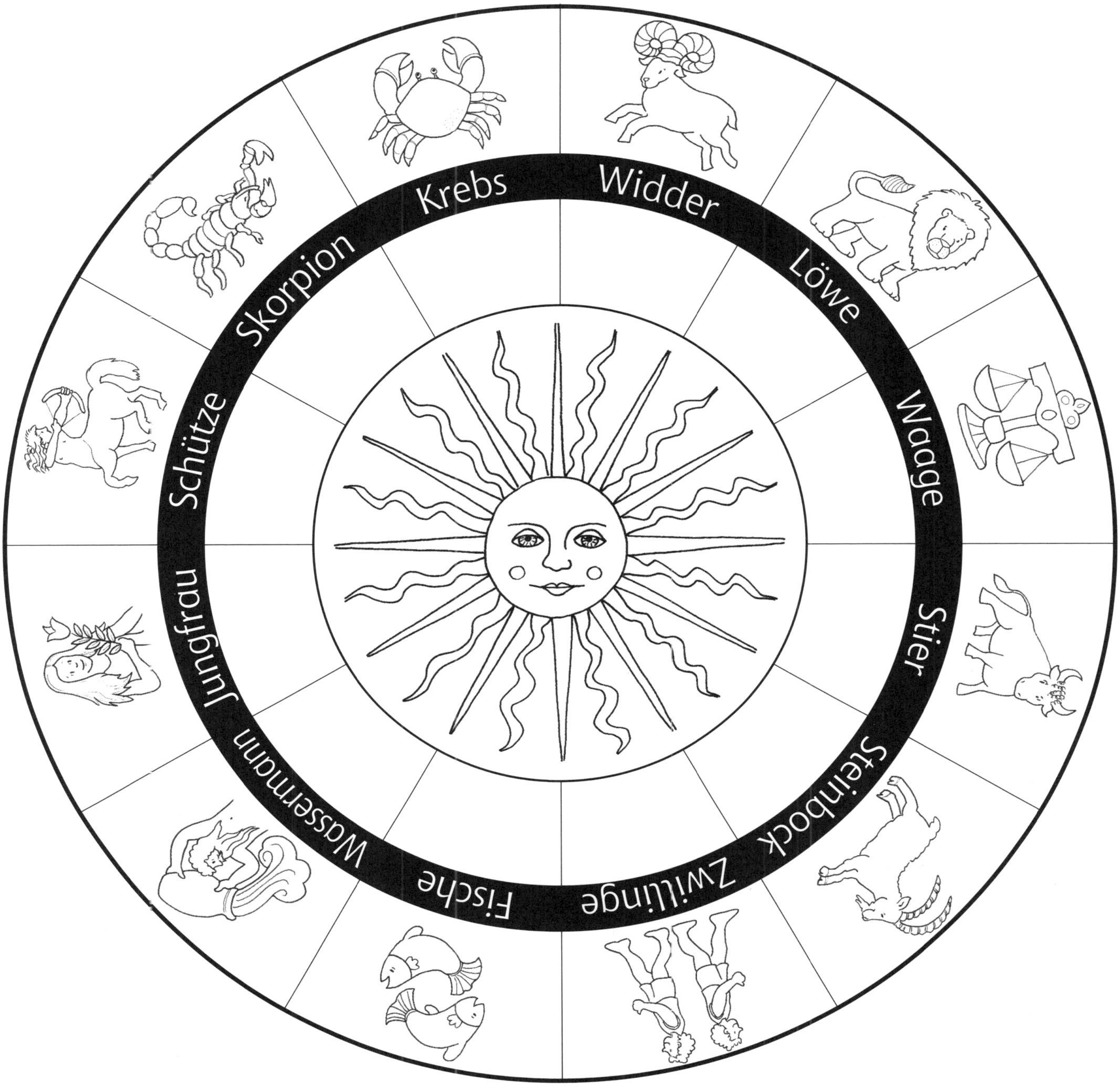

Krebs Skorpion Schütze Jungfrau Wassermann Fische

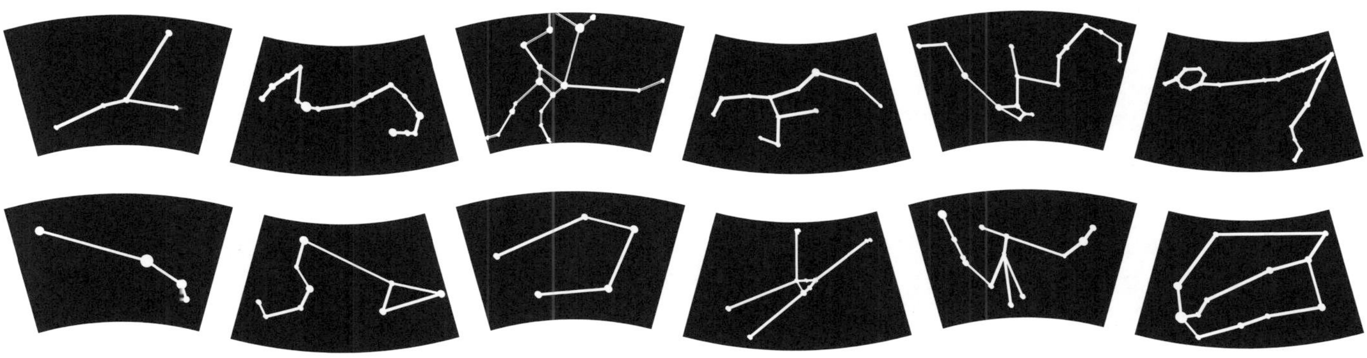

Widder Löwe Waage Stier Steinbock Zwillinge

Wie das Sternbild an den Himmel kam

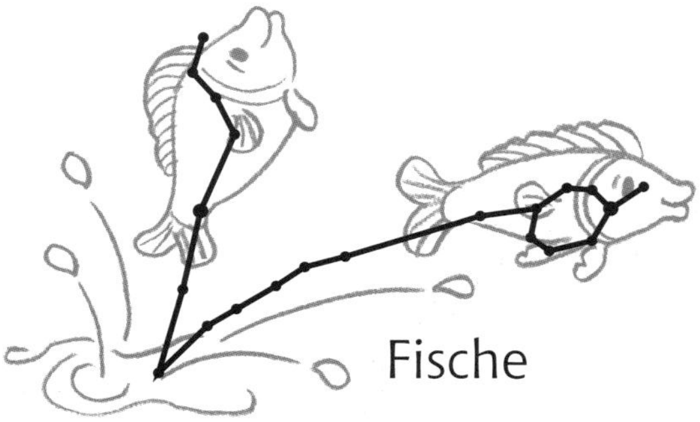

Fische

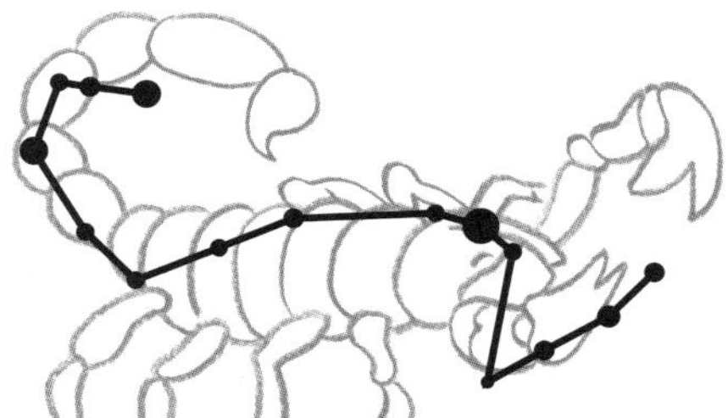

Skorpion

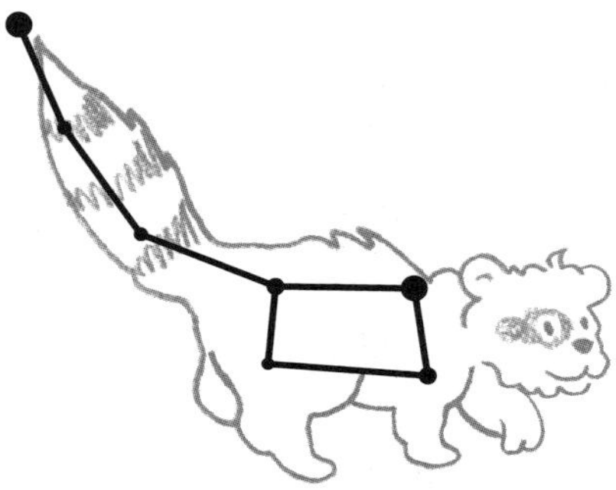

Kleiner Bär

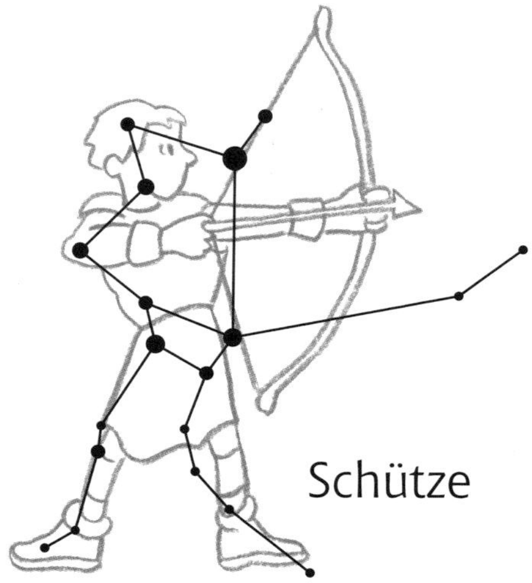

Schütze

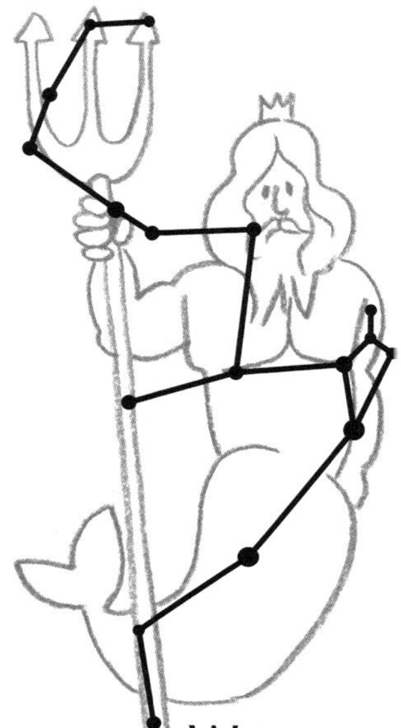

Wassermann

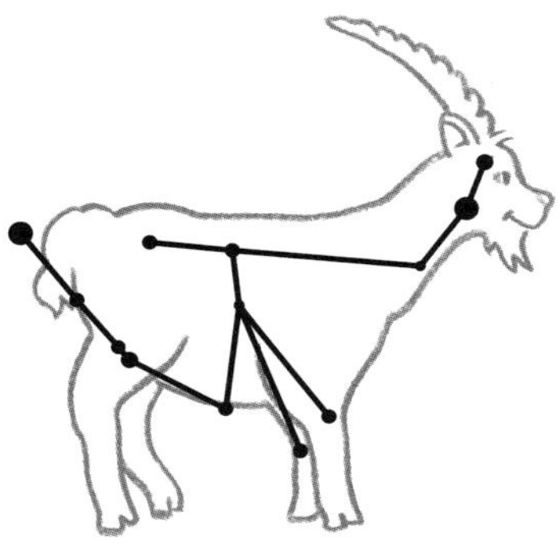

Steinbock

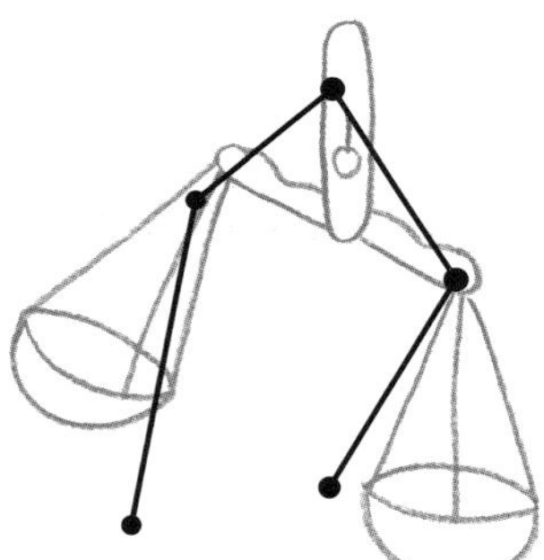

Waage

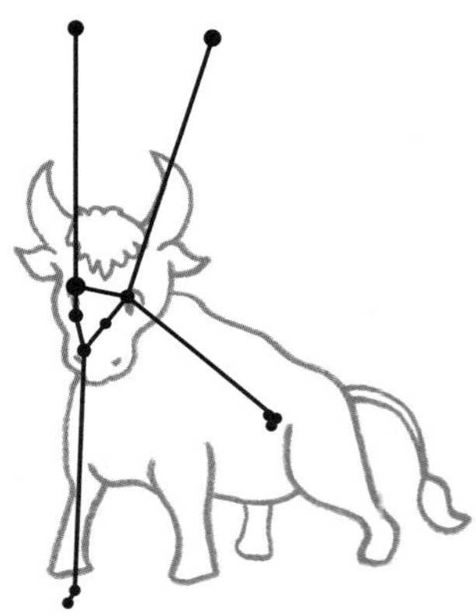

Stier

Zwillinge

Widder

Ausschneidebogen

Wie das Sternbild an den Himmel kam

16

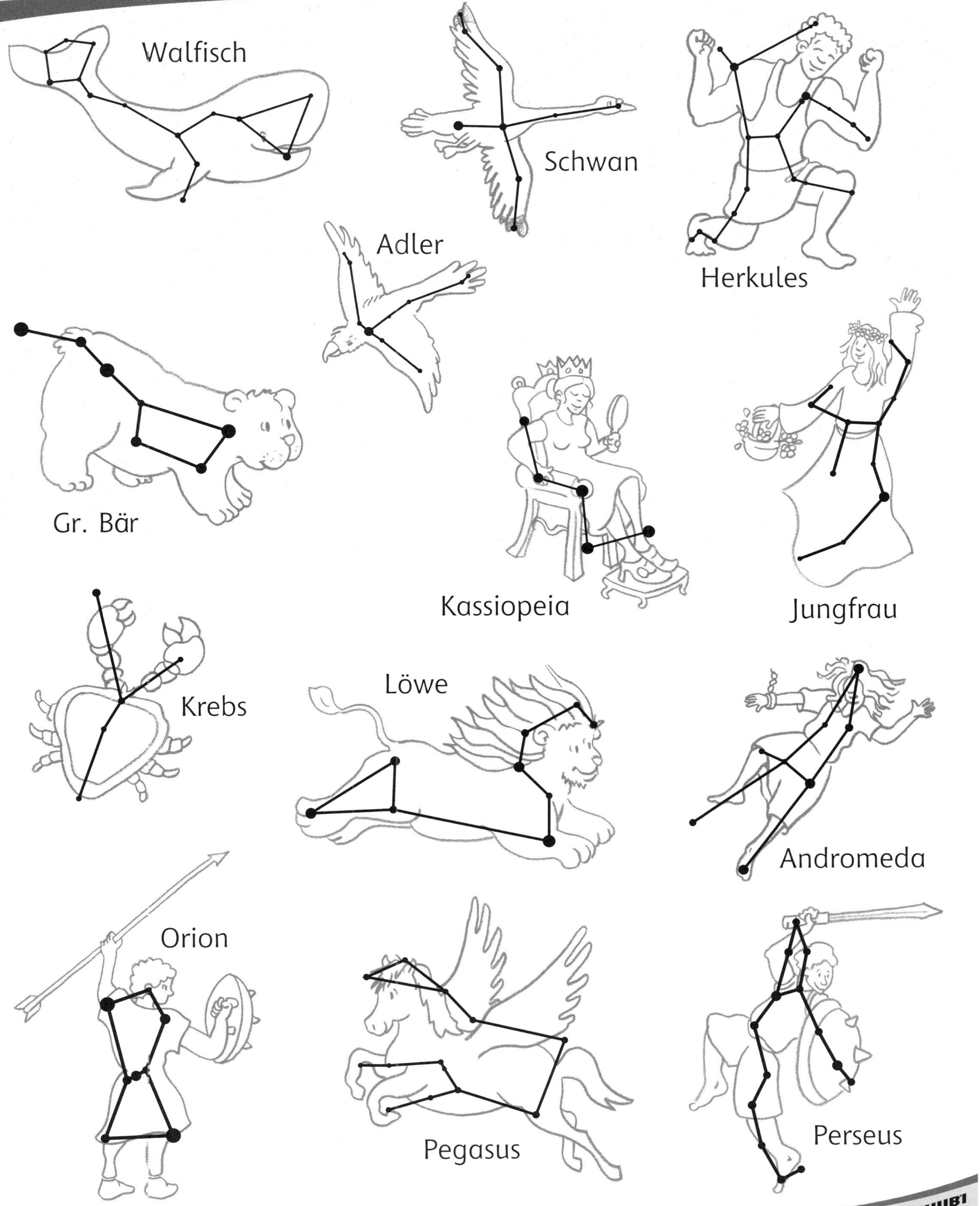

Name:

Datum:

17

Mein neues Sternbild

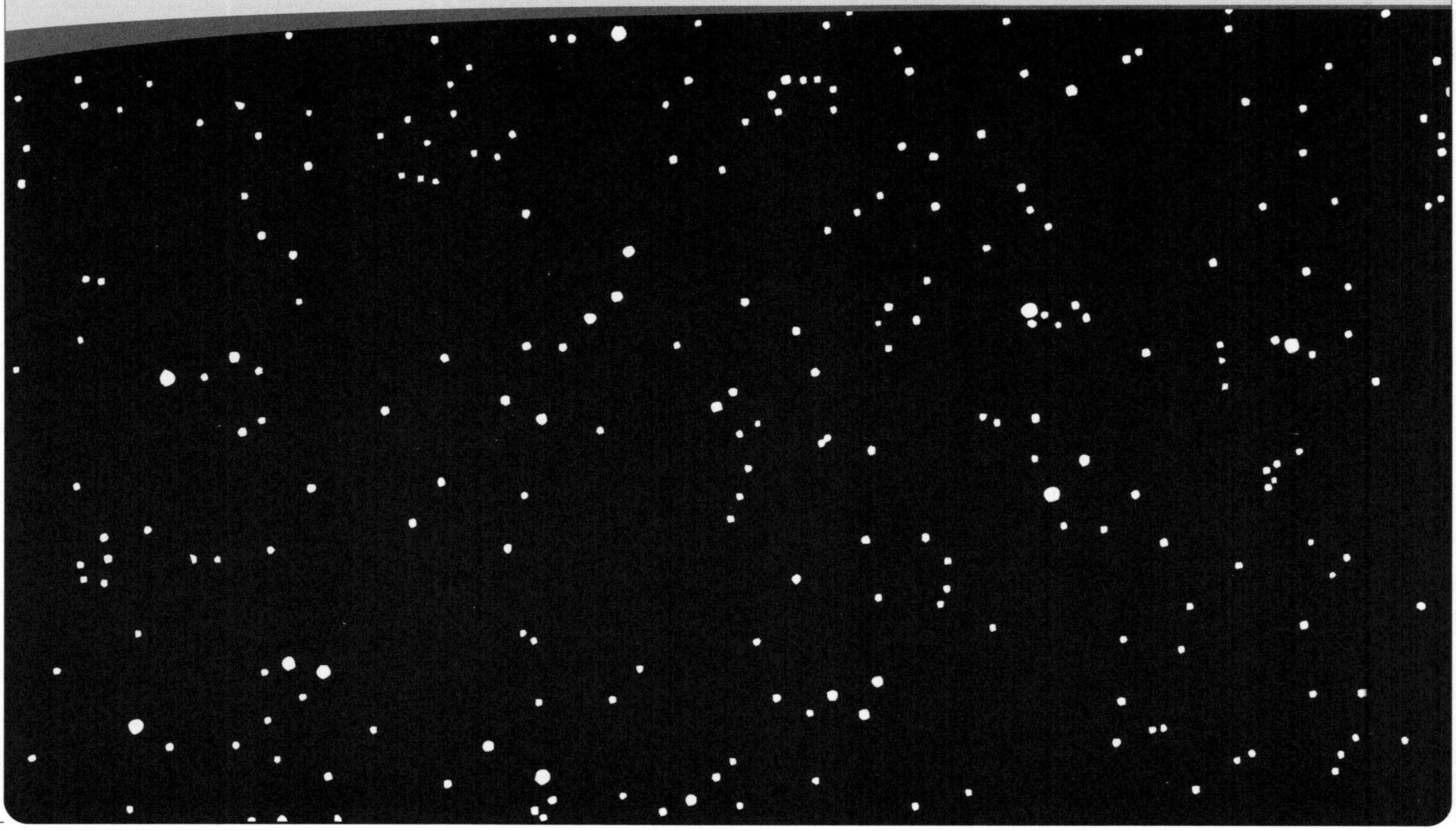

Name meines Sternbildes: ______________________________

Name:

Datum:

Beobachtungen am Sternenhimmel

18

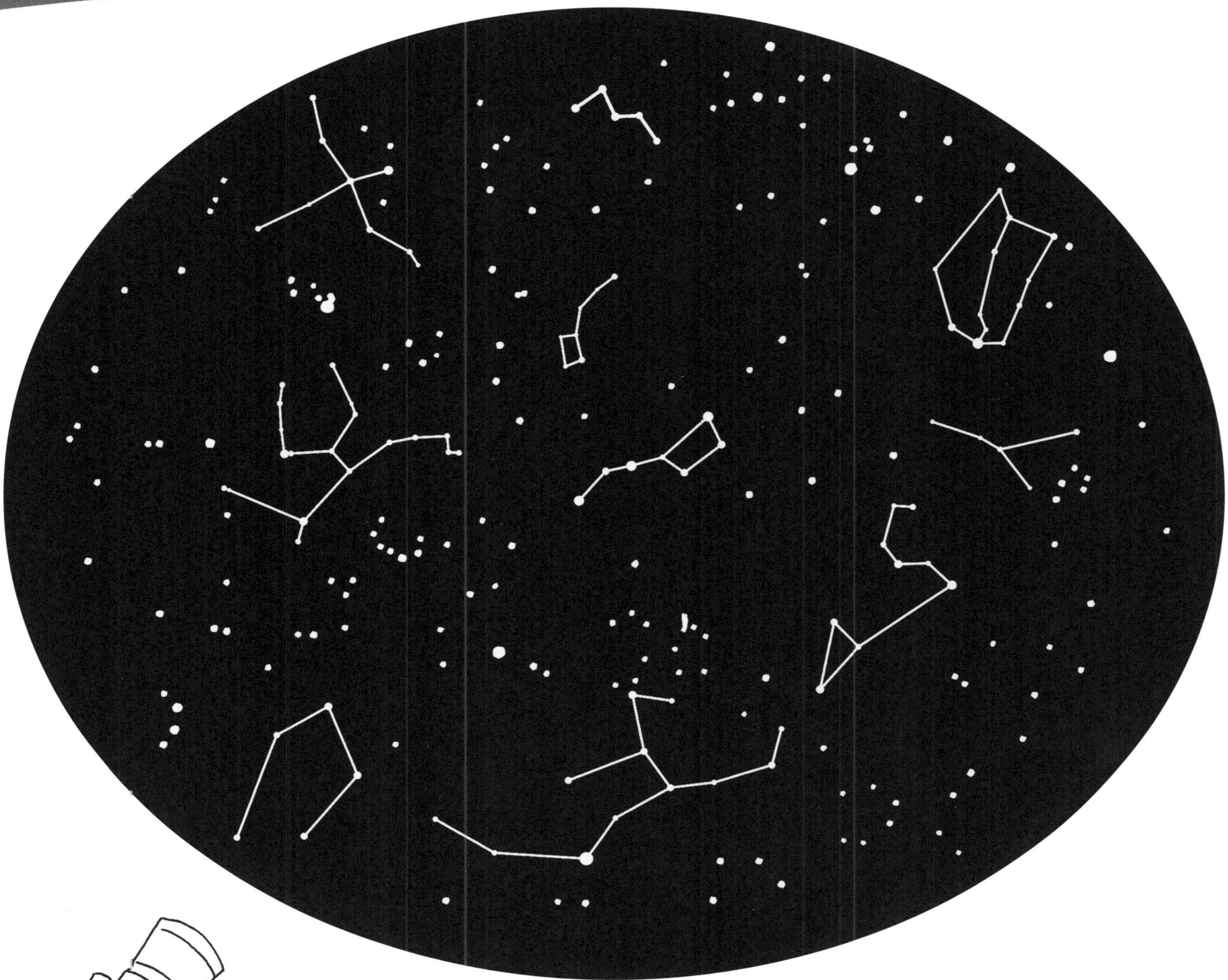

Name:

Datum:

Sternenwissen 2 – der Polarstern

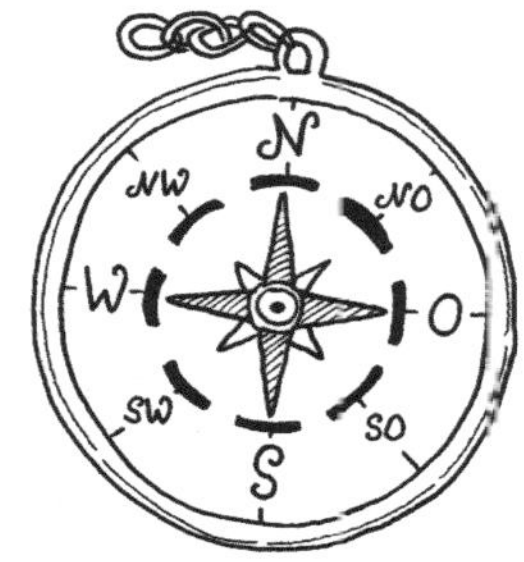

Der Polarstern steht im Norden.

Er wandert nicht.

Er zeigte schon vielen Menschen den richtigen Weg.

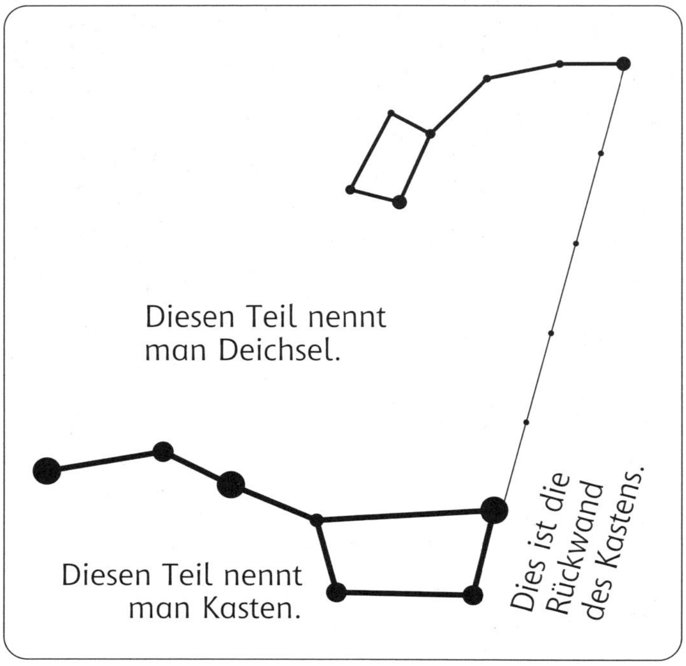

So kannst du den Polarstern finden:

Suche den Gr. Wagen.

Schaue dir die 4 Sterne des Kastens an.

Verlängere in Gedanken die Rückwand des Kastens fünfmal.

Nun bist du am Polarstern angekommen.

Er ist der erste Stern in der Deichsel des Kleinen Wagens.

D

Name:

Datum:

Sternenwissen 3 – die Milchstraße

20

In klaren Nächten sehen wir ein helles Band am Himmel.

Das ist die Milchstraße.

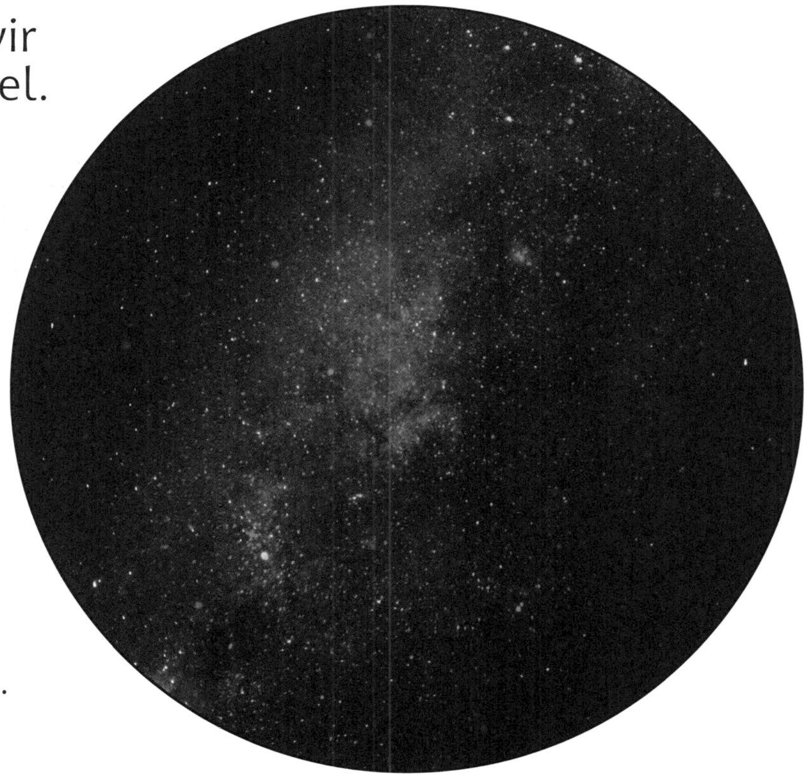

Früher glaubten viele Menschen, das helle Band sei eine Brücke zwischen Himmel und Erde.

Andere hielten es für die Milch einer Göttin, mit der sie ihr Kind stillt.

Heute wissen wir:
Die Milchstraße ist unsere Galaxie.
Eine Galaxie besteht aus Milliarden von Sternen.

Würde man die Milchstraße mit einem Raumschiff von oben betrachten, sähe sie ungefähr so aus:

Bild: NASA

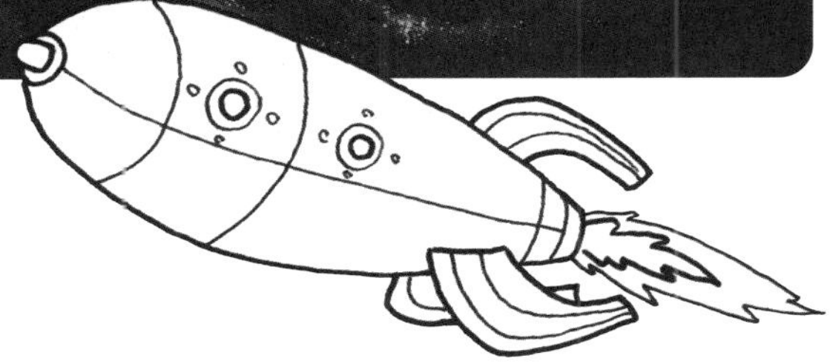

Meine selbst gestaltete Galaxie

Name:

Datum:

Sternenwissen 3 – die Milchstrasse

In klaren Nächten sehen wir ein helles Band am Himmel.

Das ist die Milchstrasse.

Früher glaubten viele Menschen, das helle Band sei eine Brücke zwischen Himmel und Erde.

Andere hielten es für die Milch einer Göttin, mit der sie ihr Kind stillt.

Heute wissen wir:
Die Milchstrasse ist unsere Galaxie.
Eine Galaxie besteht aus Milliarden von Sternen.

Würde man die Milchstrasse mit einem Raumschiff von oben betrachten, sähe sie ungefähr so aus:

Bild: NASA

Meine selbst gestaltete Galaxie

Kontrolle und Zusätze

Name	1	2	3	4	5	6	7	8	9	10	11	12	13	14	15	16	17	18	19	20
	Sternenwörter	Sterne, Sterne, Sterne	Sternen-Memospiel	Sternenmuster	Sterne zeichnen	Sterne basteln	Sternen-Gedichte	Sternenwissen 1 – die Sonne	Faltheft: Himmelskörper	Sternen-geschichten	Lesen, malen und schreiben	Sternbilder-Rätsel	Lieblings-sternbild	Sterne verbinden	Sternzeichen	Wie das Sternbild an den Himmel kam	Mein neues Sternbild	Beobachtungen am Sternenhimmel	Sternenwissen 2 – der Polarstern	Sternenwissen 3 – die Milchstraße

Werkstattpass

Name:

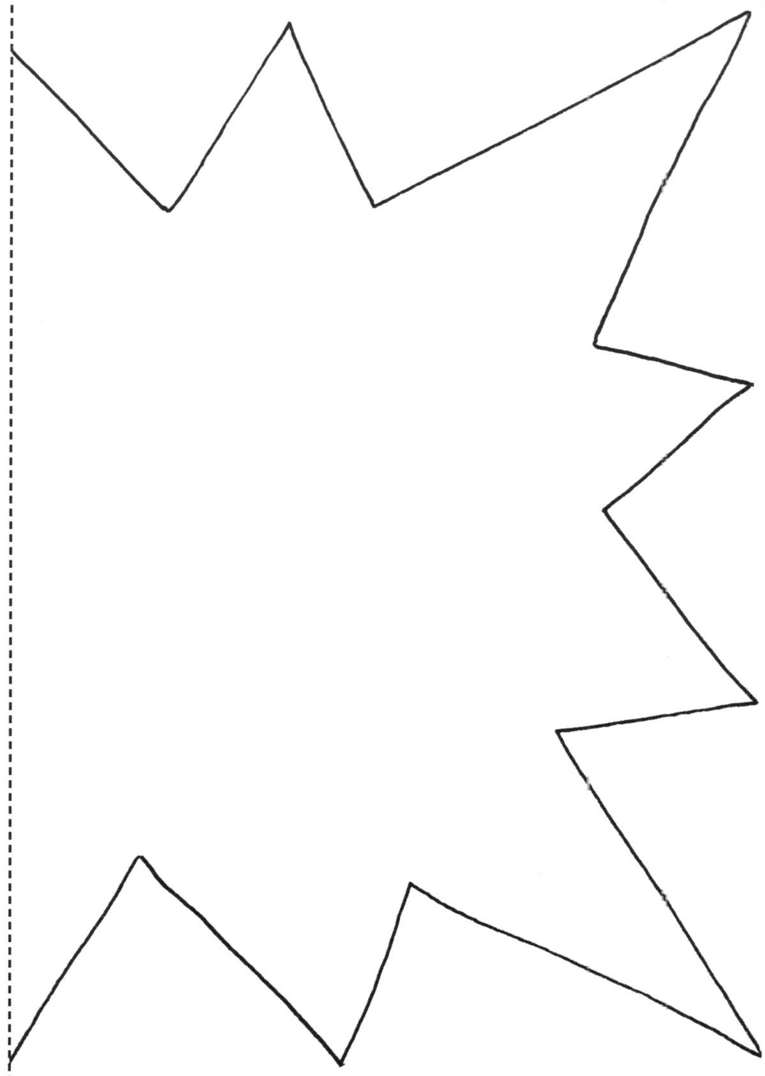

Anhänge
und Extras

„Wer hat die schönsten Schäfchen?“

Musik: Johann Friedrich Reichhardt, Text: Hoffmann von Fallersleben

Er kommt am späten Abend,
wenn alles schlafen will,
hervor aus seinem Hause
am Himmel leis und still.

Dann weidet er die Schäfchen
auf seiner blauen Flur;
denn all die weißen Sterne
sind seine Schäfchen nur.

Sie tun sich nichts zuleide,
hat eins das andre gern,
und Schwestern sind und Brüder
da droben Stern an Stern.

Und soll ich dir eins bringen,
so darfst du niemals schrei'n,
musst freundlich wie die Schäfchen
und wie die Schäfer sein.